表

原子番号

元素記号

元素名

JN060310

💧 常温で液体

⬛ 不明

第14族	第15族	第16族	第17族	第18族
				2 **He** ヘリウム 4.002 602
C ホウ素 [10.806, 10.821]	7 **N** 炭素 [12.0096, 12.0116]	8 **O** 窒素 [14.006 43, 14.007 28]	9 **F** 酸素 [15.999 03, 15.999 77]	10 **Ne** ネオン 20.1797

フッ素 18.998 403 162

第10族	第11族	第12族	13 **Al** アルミニウム 26.981 5384	14 **Si** ケイ素 [28.084, 28.086]	15 **P** リン 30.973 761 998	16 **S** 硫黄 [32.059, 32.076]	17 **Cl** 塩素 [35.446, 35.457]	18 **Ar** アルゴン [39.792, 39.963]
28 **Ni** ニッケル 58.6934	29 **Cu** 銅 63.546	30 **Zn** 亜鉛 65.38	31 **Ga** ガリウム 69.723	32 **Ge** ゲルマニウム 72.630	33 **As** ヒ素 74.921 595	34 **Se** セレン 78.971	35 **Br** 臭素 [79.901, 79.907]	36 **Kr** クリプトン 83.798
46 **Pd** パラジウム 106.42	47 **Ag** 銀 107.8682	48 **Cd** カドミウム 112.414	49 **In** インジウム 114.818	50 **Sn** スズ 118.710	51 **Sb** アンチモン 121.760	52 **Te** テルル 127.6	53 **I** ヨウ素 126.904 47	54 **Xe** キセノン 131.293
78 **Pt** 白金 195.084	79 **Au** 金 196.966 57	80 **Hg** 水銀 200.592	81 **Tl** タリウム [204.382, 204.385]	82 **Pb** 鉛 [206.14, 207.94]	83 **Bi** ビスマス 208.9804	84 **Po** ポロニウム (210)	85 **At** アスタチン (210)	86 **Rn** ラドン (222)
110 **Ds** ダームスタチウム (281)	111 **Rg** レントゲニウム (280)	112 **Cn** コペルニシウム (285)	113 **Nh** ニホニウム (278)	114 **Fl** フレロビウム (289)	115 **Mc** モスコビウム (289)	116 **Lv** リバモリウム (293)	117 **Ts** テネシン (293)	118 **Og** オガネソン (294)

63 **Eu** ユウロピウム 151.964	64 **Gd** ガドリニウム 157.25	65 **Tb** テルビウム 158.925 354	66 **Dy** ジスプロシウム 162.500	67 **Ho** ホルミウム 164.930 329	68 **Er** エルビウム 167.259	69 **Tm** ツリウム 168.934 219	70 **Yb** イッテルビウム 173.045	71 **Lu** ルテチウム 174.9668
95 **Am** アメリシウム (243)	96 **Cm** キュリウム (247)	97 **Bk** バークリウム (247)	98 **Cf** カリホルニウム (252)	99 **Es** アインスタイニウム (252)	100 **Fm** フェルミウム (257)	101 **Md** メンデレビウム (258)	102 **No** ノーベリウム (259)	103 **Lr** ローレンシウム (262)

An Illustrated Guide to the Elements

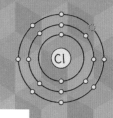

Elements that
make up the universe

知れば世の中が
見えてくる！

元素の
教科書

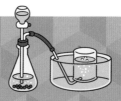

東京大学非常勤講師
左巻健男 [監修]

ナツメ社

はじめに

　本書の特徴の一つは、特に各元素の項で最初に目に飛びこんでくる大きなイラストだ。楽しめるイラストだと思う。

　また、もう一つは、元素の用途例にかなり新しい研究も取り上げていることだ。今後そんな研究がどのように具体化するかに期待したい。

　現在、元素は118種類が周期表にまとめられている。天然には約90種類。残りは人工元素だ。名前がつけられたものだけでも1億種類を超える物質が、天然に存在する約90種類の元素で作られている。そのうち大きな割合を占めるのは金属元素だ。

　元素を知ることは、その実体の原子を知ることでもある。金属元素でできた金属という物質のほかに、金属元素と非金属元素のイオン結合や、非金属元素同士の共有結合など、原子同士が化学結合してできた物質がある。

　私は、中高生に化学を教えていたとき、できるだけ実物（本物と言ったほうがいいかな）を見せたいと思っていた。

　例えばアルカリ金属では、リチウム、ナトリウム、カリウムを扱った。ナイフで簡単に切れるやわらかさ、切断面の銀白色が見る間に白っぽく変色していくこと、米粒程度を水に入れると水素を発生させながらリチウムはおだやかに反応し、ナトリウムは水面を動き回り、カリウムは紫色の炎をあげて水面を動き回ることを見せた。融解させた銀色の液体のナトリウムに黄緑色の塩素ガスを吹きかけると激しく反応して塩化ナトリウムが生成することも。アルカリ土類金属では、まずはカルシウム、バリウムの色を聞いた。どちらも単体は銀色だが、その化合物の白色と思っている人が多かった。

　元素は、物質を作るもうそれ以上分けることのできない基本的な成分だ。単体はその元素だけからできているが、化合物はいくつかの元素からできている。「骨はカルシウムだ」などというのは化合物の中心元素で代表させて説明していること、「カルシウムといったときは、それが単体なのか化合物なのかを考えないとダメ」という学びが必要と思う。

　本書を読まれるときにはそんなことも意識してほしい。

監修者 左巻 健男

Contents

4

column

第3章「身近な元素たち」の見方

原子番号、元素記号、元素名（日本語・英語）、元素周期表上の位置

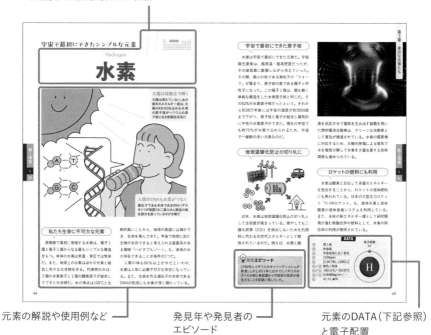

元素の解説や使用例など

発見年や発見者のエピソード

元素のDATA（下記参照）と電子配置

DATA の見方

族	周期表を縦に見たときの族
分	元素の分類方法の一例
存	元素が存在している主な場所や存在している状態の一例
地	地球の地殻に存在する量「地殻濃度」の目安
原	炭素12（^{12}C）の質量を正確に12とした際の相対質量「原子量」。天然に同位体が複数存在する場合、その各同位体の質量数（陽子の数と中性子の数の合計）と存在比を加味して算出している。H,Li,B,C,N,O,Mg,Si,S,Cl,Ar,Br,Tlの13元素については、組成の変動が多いことが知られているため、単一の数値ではなく変動数を[,]で示している。また天然に存在しない元素（人工元素）の場合は、代表的な同位体の質量を（ ）で記載
色／形	元素が単体のときの色と、常温・常圧での状態（固体、液体、気体）
融／沸	1気圧のもとで固体から液体に融解する温度（融点）と、液体が沸騰する温度（沸点）を記載
密／硬	常温における1㎥当たりの重さ（kg/㎥）を「密度」、元素の硬さの値を相対値（モース硬度）で「硬度」を記載
同	元素の主な同位体。★が付いているものは放射性同位体
電子配置	原子核の周囲を回る電子の構造を表す表記と電子配置のモデル

元素の基本

私たちの体から地球、宇宙までのあらゆる物質を構成する、化学的な最小単位である元素。第1章では、元素の基本を紹介する。過去の偉人によって解き明かされてきた元素の謎や、メンデレーエフが考案し学者たちが発展させた元素の見取り図である周期表について見ていこう。

万物を作る素

スマートフォンから地球、夜空にきらめく宇宙の星々まで、
全ては元素でできている。万物の素、元素とはなんだろう。

地球を構成する元素

　私たちの世界にある物質は全て、さまざまな元素の組み合わせによってできている。土や石、植物や動物はもちろん、海の水や目には見えない空気、そして地球そのものが元素からなる物質の集まりなのだ。自然物だけでなく、建物や服、高性能なコンピューターなどの人工物もまた元素を結び付けて人間が作り出したものといえる。地球内部の構造を見ると、中心からコア（核）、マントル、地殻の3つに分けることができる。中心部分のコアは、ほとんどが鉄で、5％ほどニッケルが含まれている。その周りのマントルは固体だが非常にゆっくりと動き、場所によっては内部から表面へ、またその逆へと流動している。地殻に近い上

部マントルは、主にケイ素を多く含むカンラン岩を主成分とする。

　人間が活動している地殻には、およそ90種類の元素があり、最も多いのは酸素49.5％、次がケイ素25.8％で、その次にアルミニウム7.6％、鉄4.7％などの金属が続く。海には、地球に存在する元素のほぼ全てが溶け込んでいる。最も多いのは塩素とナトリウムで、この2つが結び付いた塩化ナトリウム（NaCl、食塩の主成分）が、海水の塩辛さの正体だ。

　地球全体の割合では、鉄が最も多く、地球の元素全体の35％を占め、酸素28％、マグネシウムが約17％、ケイ素が約13％と続く。

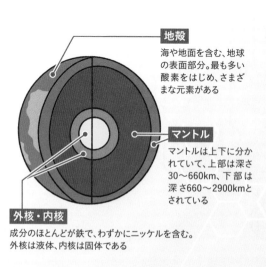

地殻
海や地面を含む、地球の表面部分。最も多い酸素をはじめ、さまざまな元素がある

マントル
マントルは上下に分かれていて、上部は深さ30〜660km、下部は深さ660〜2900kmとされている

外核・内核
成分のほとんどが鉄で、わずかにニッケルを含む。外核は液体、内核は固体である

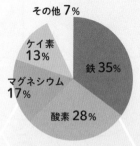

地球を構成する元素の割合

その他 7％
ケイ素 13％
マグネシウム 17％
酸素 28％
鉄 35％

鉄と酸素だけで全体の半分以上を占め、上位4つ以外の元素の割合は、全て合わせても10％未満しかない

元素はビッグバンで生まれた

最初の元素は、宇宙誕生の際の「ビッグバン」によって生まれた。ある1点に集中していた宇宙が10の30乗倍（原子が太陽系の大きさになるほど）に一瞬でぼう張し大爆発をする、いわゆるビッグバンが起こったと考えられている。

生まれたばかりの宇宙が急速にぼう張した後に、宇宙は超高温・高密度の熱い火の玉のような状態になった。誕生から約3分間で、宇宙はぼう張を続けながら冷えていく。そのなかで、元素の材料である「陽子」や「中性子」、そして「電子」が生まれたという。陽子や中性子が「原子核」となり、「電子」がその周りを回るようにな って「原子」となるのは、それから約38万年後、宇宙の温度が約3000℃まで下がってからだと考えられている。

このときに生まれた最初の元素は、原子番号1番の水素と原子番号2番のヘリウムの2つだけ。それよりも重い元素が誕生するためには数億年後の恒星の誕生を待たなければならない。水素やヘリウムが集まって恒星ができると、恒星の中心部は圧力と温度が極めて高くなり、原子核同士がぶつかって融合する「核融合反応」が起こる。こうしてより重い原子核をもつ元素が誕生していったのである。

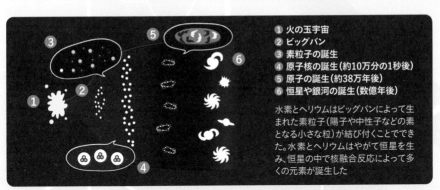

① 火の玉宇宙
② ビッグバン
③ 素粒子の誕生
④ 原子核の誕生（約10万分の1秒後）
⑤ 原子の誕生（約38万年後）
⑥ 恒星や銀河の誕生（数億年後）

水素とヘリウムはビッグバンによって生まれた素粒子（陽子や中性子などの素となる小さな粒）が結び付くことでできた。水素とヘリウムはやがて恒星を生み、恒星の中で核融合反応によって多くの元素が誕生した

Topics ## 元素の常識の枠に収まらないダークマター

地球上に存在する元素が発見され周期表で分類されると、全ての物質が解明されたと思えるが、実は私たちが知っている物質は宇宙の構成物のたった5%以下に過ぎないという。残りは、正体が謎の物質「ダークマター（暗黒物質）」が27%、未知のエネルギー「ダークエネルギー」68%だ。「ダークマター」は質量をもつ物質でありながら、光やX線、赤外線といった電磁波でまったく観測することができないのだ。

元素 **5%**

ダークエネルギー **68%**

ダークマター **27%**

ダークマターは、電荷をもたず重さがあり安定した性質があると考えられている

元素と人類の歴史

元素の発見は「あらゆる物質の根本はなにか」という問いからはじまった。
人類の知の挑戦ともいうべき歴史を見ていこう。

昔の人が考えた元素

「全ての物質の素となるものはなにか」という問いは人々の興味の対象だった。最も古い記録は、およそ2600年前、紀元前6世紀頃のギリシャに遡る。哲学者タレスが「万物の根源は水である」と考えた。以降、古代ギリシャの哲学者たちは「万物の根源」について言及するようになった。ヘラクレイトスは「火」であるといい、エンペドクレスは「火・水・土・空気の4つが結びつくことでこの世のあらゆるものができる」と主張し、アリストテレスがこれを発展させ、1500年以上後まで残るヨーロッパの一般的な元素観が構築されたのだ。

タレス
万物の根源は「水」だと思う

いやいや「火」だと思うよ
ヘラクレイトス

エンペドクレス
「火・水・土・空気」が結び付いて全てができているんだ

物質の源は「原子」というアイデア

「物質をどんどん細かくしていったら、それ以上分割できない粒になる」と考え、最小単位の粒を「原子（アトム）」と呼んだのが、アリストテレスと同時期の哲学者デモクリトスだ。彼の主張「原子論」は、当時はあまり理解を得られなかった。この志はその2000年後、17世紀の科学者ボイルが引き継ぎ、化学反応によりこれ以上分割することができない根源的な要素が存在する「粒子論」を提唱した。さらに100年ほど後の科学者ドルトンは、ボイルの考えを受け継ぎ、新たな「原子説」を主張することとなった。

デモクリトス
世界には無数の「原子」があってあらゆるものが生まれるんだ

これ以上分割できない根源的な「粒子」があるはず

ボイル

物質は「原子という小さな粒」からできている

ドルトン

世界最初の原子量を発表

　ドルトンは、原子の種類により大きさや重さが決まっていて、水素や酸素に「最小単位の粒＝原子」があると考えた。そして、水素の1を基準として原子の質量を「原子量」とまとめた。ドルトンは今のような分子の考えはなく、例えば酸素は酸素原子1つ、水素も水素原子1つと考え、水は水素原子と酸素原子が1つずつ結び付いているとした。水素1に対して水が9できることから酸素の原子量を8とした。

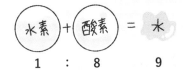

なおドルトンは実験が大雑把だったため、水素1に対して水が7できたと考えた。ここでは正しく9できたとする

「元素」と「原子」はどう違う?

　よく似た使い方をする「元素」と「原子」はどう違うのだろうか。まず、元素については、ボイルによる実験に基づいた粒子論により「元素はいかなる手段によっても成分に分けられない物質」と定義された。例えば、水は分解すると水素と酸素に分解されるので元素ではないが、水素と酸素はもうこれ分解できないため元素である。一言でいうならば、「元素」は単体の物質そのものや、物質を構成している「原子」の種類を表す概念なのである。

　しばらくこの定義によって元素探しが行われ、ドルトンの原子論からおよそ100年後、近代化学の父と呼ばれるラボアジェが元素の研究を発展させる。

　これにより酸素や水素など33の元素を定め、元素の化学的な定義が行われた。その後の化学の進歩により、現在は人工的に作ったもの含めて118種類の元素が周期表に整理されている。

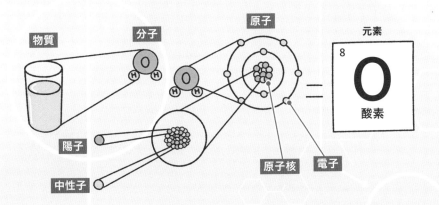

元素を作る原子

さまざまな研究者たちが研究してきた原子とはどういったものだろう。
1億分の1cmほどしかない極小の世界をのぞいてみよう。

原子は「原子核」と周囲を回る「電子」でできている

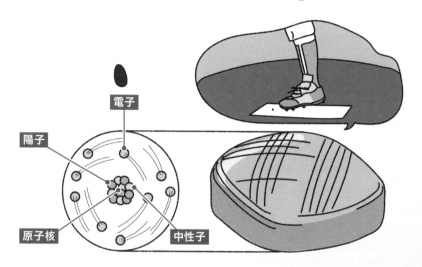

電子

陽子

原子核

中性子

　原子は「原子核」と「電子」で構成され
ていて、その直径は種類にもよるが約1億
分の1cm（0.1ナノメートル）ほどだ。原
子の構造図では中央に「原子核」と書かれ
た円があり、その周囲に何重かの電子の軌
道を示す円を描くが、あくまでも単純化し
た図であり、実際のイメージとはかなり違う。

　原子核は原子の10万分の1程度で、電
子は原子の1億分の1より小さい。原子
全体の大きさを直径200mほどの東京ドー
ムで表すと、原子核の大きさはピッチャー
マウンドに置かれたスイカの種よりも小さ
い。それよりもさらに極小の電子が、原子
核の直径の1〜10万倍ほども離れた軌道に
あたる、球場全体を飛び回っている。それ

が原子の実際のイメージだ。

　原子核は「陽子」と「中性子」と呼ばれ
る粒でできており、「核力」という強い相互
作用で結び付いている。大きさも重さもほ
ぼ同じだが、陽子はプラスの電気（正電荷）
を帯び、中性子は電気を帯びていない。陽
子の正電荷同士は反発するが、中間子とい
う粒子による核力のおかげでばらばらにな
らず、原子核は形が保たれていることを湯
川秀樹が説明した（→P181）。

　原子核の周囲には陽子と同じ数のマイナ
スの電気（負電荷）を帯びた「電子」が回る。
そのため陽子のプラスの電気とつりあい、
原子は電気的に中性となる。これが原子の
全体像である。

元素の性質＝個性は陽子の数い＝電子の数で決まる

　それぞれの原子を作っている要素は原子核（その中の陽子と中性子）と電子であり、それはどの元素でも変わらない。また、中性子はその数が増えたり減ったりしても、元素自体の化学的な性質はほとんど変わらない。そのため、中性子が違うだけの「同位体（→P14）」は別の元素とは考えず、同じ元素として扱う。

　このことから、元素の性質を決めるのは陽子と電子の数ということができる。原子が電気を帯びてイオン（→P42）になっているときを除くと、電子の数は陽子と同数になるので、「元素の性質は陽子の数」といえる。そのため、陽子の数＝原子番号として、周期表の原子番号も陽子の数の順番になっている。何らかの原因によって陽子の数が増えたり減ったりすれば、別の元素になるのだ。

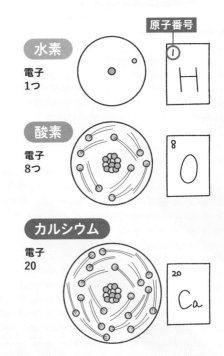

水素　電子1つ

酸素　電子8つ

カルシウム　電子20

原子番号

電子が原子核の周りの殻のどこかを回っている

　原子の化学的性質は、電子の数により決まるが、より詳しくいうと原子核から最も遠くの軌道（最外殻）を回る電子の数で決まる。電子は原子核の周りにある「軌道」のどこかに存在する。軌道の総称を「電子殻」と呼び、原子核に近い方からK殻〜Q殻といい、入れる電子の数が決まっている（詳しく見ると層にある４つの軌道のいずれかを回っている）。電子は基本的に内側の電子殻から順番に入るが、元素によっては、定員いっぱいにならず「空席」を残して外側の殻（最外殻）に電子が入るものもある。周期表の縦「族」（→P22）に並ぶ元素は、一部を除き化学性質が似るのだ。

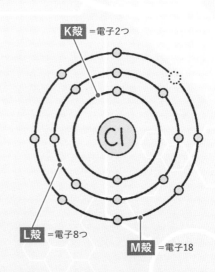

K殻＝電子2つ

L殻＝電子8つ

M殻＝電子18

中性子の数が違うと「同位体」になる

　原子の中には、一定量、中性子の数が異なる「同位体」（アイソトープ、同位元素ともいう）が存在する。同位体を示すためには元素名に陽子と中性子の数を合わせた数字を付すことになっている。

　例えば水素なら、陽子1つからなる水素は「^1H（軽水素）」と示し、天然に存在する割合は全体の約99％を占める。中性子が1個、2個の水素をそれぞれ「^2H（重水素）」「^3H（三重水素）」と呼び、重水素（デューテリウム）は軽水素の約2倍の質量をもつ。三重水素（トリチウム）はエネルギーが高く原子核はとても不安定になる。

　同位体を別物と捉えると、原子核の種類は3000種類以上にもなるといわれる。

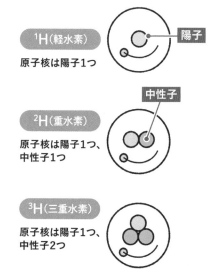

^1H（軽水素）
原子核は陽子1つ

^2H（重水素）
原子核は陽子1つ、中性子1つ

^3H（三重水素）
原子核は陽子1つ、中性子2つ

陽子

中性子

元素の重さを表す原子量

　元素の質量である「原子量」は、元素の違いを表す1つの指標であり、周期表にほぼ必ず記載されている。元素のそのもの質量（重さ）は、炭素元素なら1.99×10^{-23}gと極小で、このままだと計算などがとても不便だ。そこで、そのものの重さ「絶対質量」に対し、数字が取り扱いやすい「相対質量」で表す。基準は炭素原子の同位体^{12}Cの12（端数なし）としている。原子量は同位体の存在比と相対質量をかけた平均値となっている。例えば銅なら、^{63}Cuの相対質量×割合約69.2％、^{65}Cuの相対質量×割合約30.5％をかけた数値となる。

　しかし、水素や炭素など一部の元素は、原子量が複数記載される。これは、技術の向上や採取されたサンプルにより同位体の存在比に変動範囲があるためだ。

　原子量は、1961年に国際純正・応用化学連合（IUPAC）が炭素の質量を決めており、奇数年ごとに改訂されている。

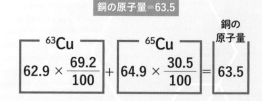

12×1（個）＝1.0×12（個）

銅の原子量＝63.5

$$62.9 \times \frac{69.2}{100} + 64.9 \times \frac{30.5}{100} = 63.5$$

^{63}Cu　^{65}Cu　銅の原子量

同位体が不安定だと崩壊し放射線を出す

同位体は安定していれば、元素の性質にほとんど影響をおよぼさない。しかし、原子のエネルギーが高い状態では「不安定な同位体」となり、一定の時間がたつと原子核が「崩壊」してしまう。

崩壊にはいくつかの種類があるが、中性子が陽子に変わったり、陽子が中性子に変わったりすることで安定しようとしたり、

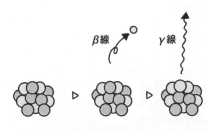

セシウムの同位体であるセシウム137 は、崩壊すると中性子が陽子に変わり、バリウムになる。このとき、セシウム137はβ線とγ線という放射線を次々に放出する

原子核から陽子と中性子を2個ずつ組み合わせたヘリウム原子核を放出したりして不安定な状態を解消しようとする。崩壊によって陽子の数が変わった場合は原子番号が変わるので、別の元素になる。このとき、崩壊した同位体からは「放射線」が出る。放射線とは高いエネルギーをもつ粒子や電磁波のことで、壁や皮膚を突き抜けたり、ぶつかったものを傷つける可能性もある危険なものでもある。崩壊して放射線を出すことがある同位体のことを「放射性同位体」（→P162）という。

同位体の種類によって、崩壊するまでにかかる時間は違う。元の同位体の半分が崩壊する期間のことを「半減期」といい、同位体ごとに決まっている。不安定なものほど半減期が短く、1秒以下から数十億年のものまでさまざまである。

同じ元素なのに性質が異なる同素体

「同素体」は、読んで字の如く、同じ元素の単体からなる集合体（物質）で、結合の方法により性質が異なってくる。

代表的なのは炭素元素が作る集合体である、グラフェンやグラファイト（黒鉛）、ダイヤモンド、フラーレン、カーボンナノチューブなどだ。グラファイトは、六角形が網目状に並んだ板状の構造が幾層にも重なった結晶であり結合は弱くやわらかく、はがれやすいため、鉛筆の芯に用いられる。硬いことで知られるダイヤモンドは、正四面体が積み重なった結晶で強力に結合している。フラーレンは、サッカーボールのように六角形の球状で、閉じた構造をしてい

るため安定的だ。カーボンナノチューブは、黒鉛同様に六角形が網目状に並んだ板状をチューブのよう円筒状巻いた構造で非常に結束が強く、複数枚を重ねることで用途に応じた使い方ができる。

このように、結合の違いにより硬かったりやわらかかったりと、多様な性質をもつ場合があるのが同素体なのだ。

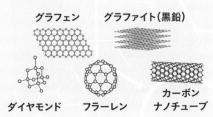

グラフェン　　グラファイト（黒鉛）

ダイヤモンド　　フラーレン　　カーボンナノチューブ

周期表の見方

元素を性質が似ている順に並べた表を「周期表」という。
周期表を読み解くことで元素の特徴を推測できる。

横の列「周期」は電子殻の数

原子核を構成する陽子の数「原子番号」の順で並ぶ横の列を「周期」という。周期は第1〜7周期まであり、同じ周期内には最外殻に同じ数の「電子殻」（→P13）をもつ原子がおかれている（パラジウムを除く）。例えば第3周期の元素なら、1番目から3番目までの電子殻に電子が存在していることを表している。第1周期には元素が2つしかないが、これは1番目の電子殻の定員が2つと少ないためだ。

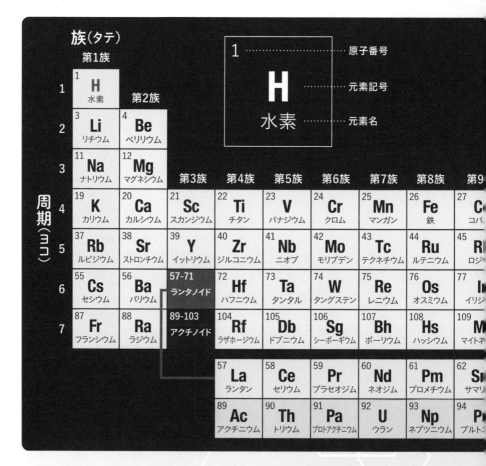

元素の個性は陽子の数＝電子の数で決まる

一方、縦の列は「族」と呼び、第１〜第18族まである。族が同じ元素は、電子殻（最外殻）に存在する電子の数が同じになるように並んでいる。一部をのぞき「最外殻の電子の数」というのは元素の性質を決めるのに重要で、具体的にはほかの元素と接触したときの結び付きやすさや、原子同士の結び付きの強さ、液体や気体になりやすさなどの特徴に大きく関わってくる。そのため、縦に並ぶ元素＝同じ族の元素は、性質が似ているのだ（→P22）。

周期表に並ぶ元素のうち、第１〜第２族と、第13〜第18族の元素は「典型元素」と呼ばれ、最外殻にある電子の数は「族番号の一の位」と同じである（ただしヘリウムだけは２個）。一方、第３〜第12族はその法則に当てはまらず最外殻の電子の数はほとんどが１または２つとなり、「遷移元素」と呼ばれる。電子殻に空きがあっても、外側の電子殻に入る性質があるためで、その結果、遷移元素は縦だけでなく横に並ぶ元素とも性質が似ている（→P28）。

			第13族	第14族	第15族	第16族	第17族	第18族	
								2 **He** ヘリウム	1
			5 **B** ホウ素	6 **C** 炭素	7 **N** 窒素	8 **O** 酸素	9 **F** フッ素	18 **Ne** ネオン	2
第10族	第11族	第12族	13 **Al** アルミニウム	14 **Si** ケイ素	15 **P** リン	16 **S** 硫黄	17 **Cl** 塩素	18 **Ar** アルゴン	3
28 **Ni** ニッケル	29 **Cu** 銅	30 **Zn** 亜鉛	31 **Ga** ガリウム	32 **Ge** ゲルマニウム	33 **As** ヒ素	34 **Se** セレン	35 **Br** 臭素	36 **Kr** クリプトン	4
46 **Pd** パラジウム	47 **Ag** 銀	48 **Cd** カドミウム	49 **In** インジウム	50 **Sn** スズ	51 **Sb** アンチモン	52 **Te** テルル	53 **I** ヨウ素	54 **Xe** キセノン	5
78 **Pt** 白金	79 **Au** 金	80 **Hg** 水銀	81 **Tl** タリウム	82 **Pb** 鉛	83 **Bi** ビスマス	84 **Po** ポロニウム	85 **At** アスタチン	86 **Rn** ラドン	6
110 **Ds** ダームスタチウム	111 **Rg** レントゲニウム	112 **Cn** コペルニシウム	113 **Nh** ニホニウム	114 **Fl** フレロビウム	115 **Mc** モスコビウム	116 **Lv** リバモリウム	117 **Ts** テネシン	118 **Og** オガネソン	7

63 **Eu** ユウロピウム	64 **Gd** ガドリニウム	65 **Tb** テルビウム	66 **Dy** ジスプロシウム	67 **Ho** ホルミウム	68 **Er** エルビウム	69 **Tm** ツリウム	70 **Yb** イッテルビウム	71 **Lu** ルテチウム
95 **Am** アメリシウム	96 **Cm** キュリウム	97 **Bk** バークリウム	98 **Cf** カリホルニウム	99 **Es** アインスタイニウム	100 **Fm** フェルミウム	101 **Md** メンデレビウム	102 **No** ノーベリウム	103 **Lr** ローレンシウム

「周期表の父」メンデレーエフ

　元素の分類・整理を飛躍的に進めたのが、「周期表の父」ともいわれるロシアの化学者ドミトリ・メンデレーエフである。カードに元素の名前と原子量を書き、それをカードゲームのように縦横に並べることで、前後の順番だけでなく縦の列にも意味をもたせたのである。

　こうして1869年に、当時知られていた63の元素を全て入れた「周期表」が発表された。このとき、当てはまる原子量と性質をもつ元素がないところに「？」マークをつけ、「まだ知られていない元素があるはず」と推測していた。実際に周期表の発表から20年以内に、予言通りの性質をもつガリウム、スカンジウム、ゲルマニウムの３つの元素が発見されたのである。

改良を加え続け現在の周期表へ

　現在使用されている周期表も、基本的な考え方はメンデレーエフの時代のものと変わっていない。メンデレーエフが考えた「縦の列」は「族」と呼ばれ、その性質が似ているのは最外殻にある電子の数が共通しているためだということがわかったのである。

　メンデレーエフの死後、1980年代には、ネオンやアルゴンなど、当時知られていなかった元素が続々と発見された。これらの元素（貴ガス）の性質はこれまで知られていたものと違い、周期表に当てはまらず、周期表が間違っているのではないかという意見も出たが、最終的には新たに族を加えることで解決した。こうして周期表に改良が加えられた結果、20世紀に作られた「短周期型周期表」が長らく活用された。

　現在では、人工元素なども加えて周期を7、族を18とした「長周期表」が国際的な標準の周期表として用いられている。

メンデレーエフの周期表

Ti=50	Zr=90
V=51	Nb=94
Cr=52	Mo=96
Mn=55	Rh=104,4
Fe=56	Rn=104,4
Nl=Co=59	Pl=106,6
Cu=63,4	Ag=108
Zn=65,2	Cd=112

Mg=24	?=68	Ur=116
Al=27,1	?=70	Sn=118
Si=28	As=75	Sb=122

短周期型周期表

	I		II		III		IV	
	A	B	A	B	A	B	A	B
1	H							
2	Li		Be		B		C	
3	Na		Mg		Al		Si	
4	K	Cu	Ca	Zn	Sc	Ga	Ti	Ge

新スタイルの周期表

「周期表」だけでは元素の性質の全てを表しきれない。
そのため、それらを補完する周期表が考案されている。

立体周期表エレメンタッチ

周期表の目的は、「似た性質をもつ元素の記号が並ぶように周期律（規則）に沿い配置する」ことだ。しかし、一般的に利用されている周期表では、第1～3周期の第1～第2族の元素と第13～第18族の元素が大きく離れていることや、第1族と第18族の元素が端と端に配置されていること、ランタノイドやアクチノイドが表に収まりきっていないことなど、目的を果たしきれていない部分も多い。そこで、京都大学教授の前野悦輝が考案したのが、元素をらせん状に並べた立体周期表「エレメンタッチ」だ。

これは元素が並んだ表を円柱状の缶などに巻きつけてらせん状につながるようにしたものだ。これにより、エレメンタッチでは周期表の両端が途切れることなく、全ての元素が元素記号の順につながっている。さらに、遷移元素やランタノイドを含む部分は缶の円周をはみ出した部分より大きな円で表現することで、性質が似ているカルシウム（Ca）とカドミウム（Cd）が縦に並ぶなど、従来の周期表では表されていない元素の性質の類似を表現することができているのだ。

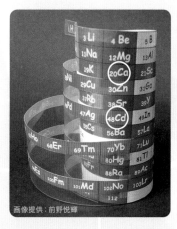

立体周期表「エレメンタッチ」を上から見ることで、3つの軌道に電子が順に入っていく状況を視覚的に理解できる

画像提供：前野悦輝

原子核の数に着目した「ニュークリタッチ」

前野教授らはさらに、原子核の陽子の数に着目し、元素記号の並べ方を変えた「ニュークリタッチ」も考案し、発表している。この表では、陽子の数が2、8、20、28……になると安定する（魔法数）という原子核の性質などがわかりやすく、既存の元素周期表と比較することで理解が深まるという。

魔法数を含めて原子核の性質を学ぶ上での新しい指標の1つとして考案された立体周期表「ニュークリタッチ」

画像提供：
前野悦輝

元素とものの成り立ち

私たちが見ているものは元素から成り立っている。
これらの物質が構成されるさまざまな分類を紹介していこう。

単体と化合物

水や鉄などの物質は、複数の原子が集まり構成される。まず、物質は2種類に分けられる。1種類の物質のみでできたものが「純物質」（純粋な物質）。空気や食塩水のように2種類以上の純物質が混じったものを「混合物」という。純物質は、1種類の元素からできた「単体」、2種類以上の元素からできた「化合物」に分けられる。単体は原子1種類、化合物は原子2種類以上からできたもののことをいう。酸素を例にすると、1種類の原子が2個結合した酸素分子であるO_2が単体にあたる。化合物は、鉄と結合したFeOやFe_2O_3（酸化鉄）や水素と結合した水分子H_2Oなどが該当する。

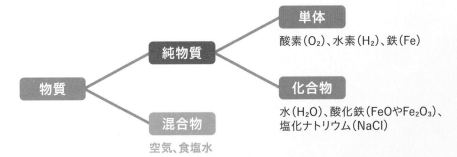

単体
酸素（O_2）、水素（H_2）、鉄（Fe）

純物質

物質

化合物
水（H_2O）、酸化鉄（FeOやFe_2O_3）、塩化ナトリウム（NaCl）

混合物
空気、食塩水

有機物と無機物

「有機物（有機化合物）」とは、炭素原子を骨格とする化合物のことだ。ただし、炭素の化合物でも、二酸化炭素などのように炭素や炭酸カルシウムなどは例外で、有機物以外の全ての化合物である「無機物（単体も化合物もある）」に分類される。先述のように、炭素原子は鎖状や環状（かんじょう）など多様な形態で結合でき、窒素や酸素などほかの原子と安定的な結合ができるため、有機物は複雑かつほぼ無限ともいえる多様性を発揮する。そのため、有機物でできている人間や地球上のほかの生命が複雑な構造をもち得たといえる。

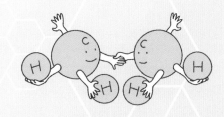

第2章

タテに読む周期表

元素が並ぶ周期表。「スイ、ヘー、リー、ベー」と、周期律に従うヨコ読みを学校で覚えた人も多いだろう。しかし、目線を変え、タテ読みにすることで、元素の特性を俯瞰して見ることができることはご存じだろうか。ここでは、タテ読みである「族」に注目し、元素がもつ性質を理解していこう。

人工元素（→P174）についてはその性質がほとんど分かっていないものが多く、この章では原則、解説しない。

①　タテ＝「族」は性質が似ている

　周期表の縦の列は「族」と呼ばれ、化学的性質が似た元素が並んでいる。原子番号（＝陽子の数）や電子の総数が大きく違う元素が似たような性質をもつのは不思議な気がする。しかし、先述のように元素の化学的性質は最外殻にある電子の数に

より、周期表は元素の性質が変化する「周期律」に基づいて並んでいるため当然ともいえる。

　ただ、第3〜第12族は、最外殻電子は1か2つの「遷移元素」であり、横に並んだ元素の性質に似ることが多い。

●典型元素
第1〜第2族、
第13〜第18族
●遷移元素
3〜12族

②　元素は電子で安定したい

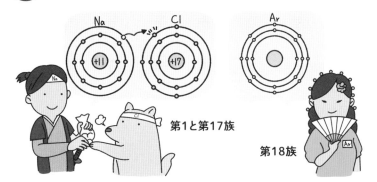

第1と第17族

第18族

　元素は「電子殻を電子で満たして安定しようとする」性質をもつ。電子殻に定員いっぱいまで電子が入っていることを「閉殻」といい、この状態が最も安定する。第18族の貴ガスに属する元素は、最外殻が「閉殻」で安定しているため、ほかの原子と電子を受け渡したり、共有したりして結合しない。そのため、第

18族の元素は不活性で「反応しない」。一方、最外殻に電子が1つだけある第1族の元素は、電子を1つほかの元素に渡して安定しようとする。第17族の元素は閉殻までにあと1つ電子を受けとりたい。そのため第1族も第17族も、ほかの原子と接触すると反応する「反応性の高い」元素なのだ。

③ 同族内でも反応性は違う

殻数（領土）が広く、
影響力が弱い

殻数（領土）が狭く、
影響力が強い

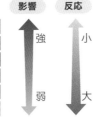

第1族		影響	反応
リチウム	Li	強	小
ナトリウム	Na		
カリウム	K		
ルビジウム	Rb		
セシウム	Cs	弱	大
フランシウム	Fr		

　同じ族の元素の性質が似ているとはいえ、もちろん性質がまったく同じというわけではない。同族内の元素の違いを生み出しているのは、原子核と最外殻の距離である。電子は、原子核の周りを何重もの層に分かれて回っている（→P13）。この層が「電子殻」で、原子核に最も近いものをK殻といい、以後、L殻、M殻…とアルファベット順に名づけられている。電子の定員はK殻が2個、L殻が8個、M殻が18個で、n番目の殻の定員は $2n^2$（$2 \times$〔nの2乗〕）と表すことができる。その元素の殻数が多いほど、最外殻の電子は原子核から遠いところにあることになる。

　電子が原子核の周りを回るのは、原子核の中にある陽子のプラスの電気に引きつけられているからだ。引きつける力は原子核から離れるほど弱くなるので、最外殻の電子が原子核から遠いと影響力が弱く電子が「外れやすくなる」。同族内の元素では、原子番号が大きい（＝重い元素）ほど殻数が多くなるので、重い元素ほど電子を放出しやすくなるのだ。

④ 金属元素と非金属元素

　鉄や金など金属を作る元素を「金属元素」といい、周期表では左下の大部分を占める。金属元素は電子を放出しやすく、最外殻の電子が放出されると「自由電子」となり、複数の原子の電子殻の中を自由に移動する。

このように金属原子同士が電子を共有した状態が「金属結合」（→P42）だ。周期表で右上の方にある元素は、金属結合を作らず金属的な性質をもたない非金属元素という。

第1族 アルカリ金属

Li
Na
K
Rb
Cs
Fr

◆ とてもやわらかく切れやすい ◆

カット

Li⁺ e⁻ Li⁺

単体のアルカリ金属は非常にやわらかく、銀色をしていてバターのようにナイフで切ることができる

◆ すぐにほかの物質とくっつく ◆

大気の中ですぐに酸素と結び付いて酸化してしまうため、アルカリ金属が単体として存在するのは難しい

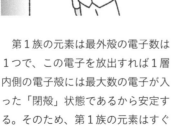

　第1族の元素は最外殻の電子数は1つで、この電子を放出すれば1層内側の電子殻には最大数の電子が入った「閉殻」状態であるから安定する。そのため、第1族の元素はすぐに電子を放出したがる（陽イオンになりやすい）のが特徴だ。

　ただし水素だけは、もともと原子核と1つだけの電子からなるため、

ほかの第1族の原子とは性質が大きく異なる。水素は、電子を簡単には放出せず、ほかの原子と電子を共有する「共有結合」（→P42）をしやすい性質をもつ。

　水素以外の第1族の元素は、最外殻の1つの電子を自由電子として放出することで「金属結合」をする金属元素である。また、水と反応する

◆水に入れると大爆発!?◆

水に入れると熱と水素ガスを発して爆発するように反応し、水酸化物を生成する

◆炎の中できれいな色に◆

炎の中に入れるとさまざまな色になる「炎色反応」を示す。リチウムは赤、ナトリウムは黄色、カリウムは紫色

🚩元素のトリセツ

元素のキモチ

元素には、電子の数を調整し貴ガスのように安定したがる性質がある。元素の種類によって、第1族の元素のように電子を放出しやすいもの、第17族の元素のように電子を獲得しやすいものなどさまざま。その性質を示す2つの用語がある。

電子を欲しがる
電子親和力

「電子を1つ獲得するときに放出されるエネルギー」のこと。電子親和力が大きいほど電子を引きつける力が大きく、陰イオンになりやすい。周期表の右ほど大きい（貴ガスはのぞく）

電子を渡したい
イオン化
エネルギー

「電子1つを放出するのに必要なエネルギー」のこと。陽イオンになりやすさ、つまり電子の放出しやすさを示す数値。イオン化エネルギーが小さいほど、電子を放出しやすい。周期表の右上ほど大きい。

と水素ガスを発して化合物（水酸化物）を生成し、それが強いアルカリ性（→P27）となることから、「アルカリ金属」と呼ばれている。

　金属としては非常にやわらかく、かつ、融点や沸点が低いため融けやすく、加工しやすい性質がある。密度も小さく、特にリチウム、ナトリウム、カリウムなどは、密度が水より小さいため水に浮く。

　また、酸素のほかさまざまな物質と結び付きやすいため、単体で存在するのは難しく、単体のアルカリ金属を保管するためには油の中に入れるなど、水や酸素との接触を防ぐ必要がある。

　アルカリ金属は、陽イオン（→P42）として、陰イオンとイオン結合をした化合物で存在する。

アルカリ土類金属

◆輝けない仲間外れがいる◆

ベリリウムとマグネシウムは炎色反応しないなど、ほかの元素とは異なる性質をもつ。放射性元素のラジウムも洋紅色（ようこうしょく）に炎色反応するとされている

◆すぐにほかの物質とくっつく◆

第2族の元素は全て金属で「アルカリ土類金属」と呼ばれている（かつてはベリリウムとマグネシウムを含まなかったが、現在は含む）。呼び名に「土類」が付くのは、火に強いこと（土のよう）が由来とされている。第1族のアルカリ金属と同じく、水と反応して水素を放出して水酸化物を作り、水溶液は強いアルカ

最外殻電子の数が2つで、その2つの電子を放出しやすく、イオンとなって水素、酸素、塩素などさまざまな物質と結合し、化合物を作る

リ性を示す。水や酸素との反応性やほかの物質との結び付きやすさ、やわらかさなどの多くの特徴はアルカリ金属と共通する。最外殻の電子の数は2つのため、その電子を放出し2価の陽イオンになる（価はイオンになるときに出入りする電子数の単

◆水と反応して白い粉になる◆

ベリリウム・マグネシウム以外に水をかけると
水素ガスを発生させて反応し水酸化物になる

◆アルカリ金属より融けにくい◆

ナイフでも切れるアルカリ金属に
比べるとやや硬く、融点も高い

🚩 元素のトリセツ

アルカリと塩基

アルカリとは、水に溶ける塩基のこと。詳しくいうと「水に溶けて水酸化物イオン（ OH⁻）を放出するもの」「水素イオン（H⁺）を受け取るもの」とされている。例えば、水酸化ナトリウム（NaOH)は、水中で陽イオンのNa⁺と水酸化物イオンのOH⁻にバラバラに分かれるのでアルカリ性だ。この性質の逆が酸だ。アルカリ性と酸性の水溶液を混ぜると、H⁺とOH⁻ が結び付き水（H₂O)ができる。この反応を中和という。

炎色反応

炎に金属元素を含む物資を入れて熱したときに炎の色が変わることを「炎色反応」という。炎の中で、物質の電子のエネルギーが高くなりその後低くなるときに、炎から得たエネルギーを放出する場合に炎色反応が見られる。この光の波長は元素の種類により変わり、特にアルカリ金属やアルカリ土類金属（ベリリウム、マグネシウムを除く）は特有の炎色反応を示す。

位）。そのため陰イオンと「イオン結合」をして化合物として自然界に存在し、反応性が高くやわらかく加工しやすい金属である。

化合物は工業原料として利用されているものも多い。例えば、石灰石や貝殻の成分である炭酸カルシウムは、セメント原料や溶鉱炉で鉄鉱石から鉄を取り出すときに鉄鉱石に含まれるシリカやアルミナ（Al₂O₃、酸化アルミニウム）などの鉄以外の成分を取り除くことに利用されている。またマグネシウムは、軽い金属元素で実用性が高く産業に欠かせない。

アルカリ土類金属には、カルシウムやマグネシウムなど生物に欠かせない元素が含まれる。その一方で、放射性をもつストロンチウムやラジウムなどは、人体に有害な放射線を出すうえに人体に蓄積されやすいため放射線障害の原因となることがある。

◆縦にも横にも似ている元素たち◆

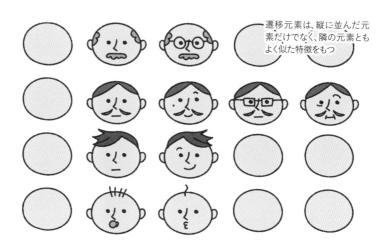

遷移元素は、縦に並んだ元素だけでなく、隣の元素ともよく似た特徴をもつ

第3〜第12族までの元素は「遷移元素」と呼ばれ、そのほかの元素「典型元素」とは異なる特徴をもつ（第12族を含めない場合もある）。遷移元素は、第4〜第7周期までの元素が存在しており、非常に数が多く、68種類もの元素が「遷移元素」として分類されているのだ。

これだけ多くの元素があるが、その特徴はどれもよく似ている。その理由は、最外殻の電子の数にある。典型元素では、最外殻の電子の数は族ごとに決まっていて、第1族と第2族、そして第13〜第18族までは、最外殻電子の数は「族」の数字の1桁目と同じである。それに対し、遷移元素は最外殻の電子の数がどれも1〜2つなのだ。なぜかというと、遷移元素では最外殻の1つ内側の電子殻に「空席」があり、原子番号が増えても最外殻の電子はつねに1つか2つのままで、その内側の殻の空席に電子が入っていくためだ。最外殻の電子の数はその元素の特徴に大きく関わっている。そのため、遷移元素ではそれぞれの元素の性質がよく似ているのだ。

これだけ多い遷移元素だが、全て金属元素だ。そのため、遷移元素のことを「遷移金属」とも呼ぶ。遷移元素には、鉄や銅、金や銀など、私たちの生活で使われていてよく知られている金属の多くが含まれている。ほとんどが密度が大きく硬い金属であり、融点も沸点も高い。また、酸素と数種類の化合物を作ることができるといった共通点がある。もちろん、似ているとはいえまったく同じというわけではなく、それぞれの特徴があり、それを活かしてさまざまな形で利用されている。

それぞれの特徴を次のページから見ていこう。

ランタノイド

◆レアアースで有名なそっくり元素◆

　周期表の第３族第７周期にある15種類の元素で、それぞれよく似ている。酸素や硫黄などと結合した化合物で鉱石として採掘されるが、産出割合が低く「レアアース」（希土類）とされた。しかし、実際は希な元素とはいえない。特にネオジムは、最も強力な磁石の原料で電気自動車の駆動モーターに欠かせない。

アクチノイド

◆危険な放射線を出しながら崩壊する元素◆

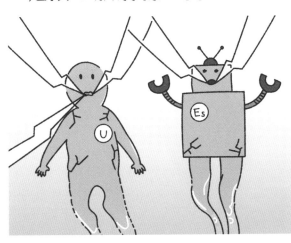

　第３族第６周期にある15種の元素。ほとんどが、原子核が不安定で時間とともに崩壊して放射線を放出し（→P162）、放射性物質として知られるウランなどが含まれる。アクチノイドはギリシャ語で「放射線」を意味する「アクチニウム」にちなむ。アメリシウム以降の９つの元素は人工元素で、天然に存在しない。

チタン族

◆ 酸素がくっついてバリアになる ◆

第4族のチタン、ジルコニウム、ハフニウムの3つの元素。融点が高く、高い強度と軽量性があり航空機・自動車産業で重用される。空気中の酸素と反応すると、表面に酸化物の緻密な薄い層が作られ、酸化や腐食から守る働きをする。体に安全でなじみやすく人工関節などに使われる。

バナジウム族

◆ 熱に強く安定した金属 ◆

第5族の元素であるバナジウム、ニオブ、タンタルは「バナジウム族」と呼ばれる。鉱物の中に含まれ、酸化物は酸性を示し、融点が高く、熱に強い金属である。単体ではやわらかいが鉄鋼などと混ぜ合わせる合金を作ると非常に硬く、耐熱性にも優れた金属になる。ニオブとタンタルは性質が似ている。

クロム族

◆非常に固く産業に欠かせない金属◆

第6族に属するクロム、モリブデン、タングステンで、非常に高い強度と硬度で知られる金属だ。チタン族同様、酸素と反応すると表面に酸化物の緻密な薄い膜を作り酸化を防ぎさびに強い。キッチンの洗い場に使われることでおなじみの「ステンレス鋼」も、鉄にクロムを加えた合金だ。

マンガン族

◆マンガン以外はレアかつ微少な存在◆

第7族に属するマンガン、テクネチウム、レニウムの3つの元素を指す。合金の材料や、化学反応をうながす触媒で利用されたりする。マンガンは比較的豊富にあるが需要も多いレアメタルで、資源開発の優先事項も高い。テクネチウムは放射線を出す放射性金属で、レニウムとともに天然に存在する量が非常に少ない。

遷移金属のうち、第8～第10族の元素は、縦の族よりも横の周期に並んだ元素と性質が似ていて、自然界でも一緒に産出することが多い。

鉄族

◆人類の発展に欠かせない金属◆

　第4周期に並ぶ鉄、コバルト、ニッケルを合わせて「鉄族元素」と呼ぶ。硬く、鉄に象徴されるように、加工しやすく、豊富に存在するため、人類の発展に大いに影響を与えた。コバルトやニッケルも合金の材料として多く利用されている。電気をよく通し、磁性をもつことから、電磁石や電子機器の製造でも活用される。

白金族

◆化学反応を促す「触媒」◆

　第5・6周期にあるルテニウム、ロジウム、パラジウム、オスミウム、イリジウム、白金（プラチナ）は、「白金族元素」と呼ばれる。酸・アルカリに強くて、腐食しにくく、宝飾品の素材などに利用される。ほかの物質の化学反応を促進させる「触媒」としての特徴に優れ、自動車の排気ガス浄化システムなどにも使われる。

銅族

◆電気や熱をよく通す◆

オリンピックのメダルの素材である金、銀、銅は、第11族に属する金属元素で、「銅族元素」と呼ばれる。比較的豊富に存在し、加工が容易で、美しい金属光沢があり、工芸品や宝飾品に使用されてきた。電気を通す性質（導電性）や、熱を伝える性質（熱伝導性）に優れ、電線やコンピューターのCPUなどに用いられる。

亜鉛族

◆人体の中で影響をおよぼす◆

第12族に属する亜鉛、カドミウム、水銀は「亜鉛族元素」と呼ばれる。人体に吸収されやすい特徴をもち、亜鉛は細胞分裂やたんぱく質の合成に不可欠な、人体に必須の元素でもある。カドミウムと水銀は人体に有害（→P63）。金属の中では融点や沸点が低いのも特徴で、特に水銀は、常温で液体である唯一の金属だ。

ホウ素族

◆ やわらかく加工しやすい金属 ◆

アルミニウムをはじめ、インジウムやタリウムはやわらかく加工しやすい

◆ さまざまな工業品として活躍 ◆

ホウ素以外は、青色LEDや光学ガラスの原料などに利用される

　ホウ素、アルミニウム、ガリウム、インジウム、タリウムを「ホウ素族元素」と呼ぶ。ホウ素だけは、ほかの元素とは性質がかなり異なり、むしろケイ素に近い性質をもっている。いずれも金属としてはやわらかく、融点が低いため、加工が容易といった特徴が挙げられる。なかでも豊富に存在するアルミニウムは、軽くてやわらかく、かつさびづらい金属素材として使用量が多く、身近な工業製品に利用されている。ガリウムやインジウムは、青色LEDをはじめ太陽電池や液晶ディスプレイなどの電子機器にも欠かせない。タリウムも光学ガラスの原料などに用いられるが、強い毒性をもつことから実際の事件で使用されたこともある。

C
Si
Ge
Sn
Pb
Fl

◆ 生物の体や身の回りに潜んでいる ◆

炭素はほとんどの生物の体内に存在する必須の元素

◆ 電気を通したり通さなかったりする ◆

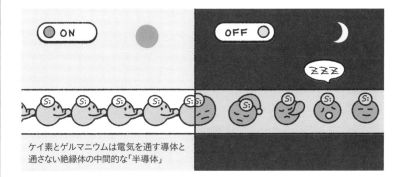

ケイ素とゲルマニウムは電気を通す導体と通さない絶縁体の中間的な「半導体」

「炭素族元素」と呼ばれ、炭素、ケイ素、ゲルマニウム、スズ、鉛が含まれる。炭素は非金属で、ケイ素とゲルマニウムは金属と非金属の性質を併せもつ半金属、それ以外は金属元素である。最外殻の電子は4つで、炭素やケイ素、ゲルマニウムはこの4つの電子でほかの原子と「共有結合」を行い、化合物を作るのが特徴だ。

特に、炭素は共有結合の力が強く、たんぱく質を構成するアミノ酸やDNAなど、「有機物」と呼ばれる生物に不可欠な炭素化合物を形成する。

また、ケイ素（シリコン）は温度や添加する物質などの条件を変えると電気を通したり通さなかったりする「半導体」の性質をもち、あらゆるコンピューターに利用されている。

◆生命に不可欠だが猛毒にもなる◆

窒素とリンは生物に欠かせない元素だが、ヒ素などは毒物として有名

窒素、リン、ヒ素、アンチモン、ビスマスは「窒素族元素」と呼ばれる。窒素のみが常温で気体となり、ほかは常温で固体。窒素とリンは、人体や生物に必須の元素で、窒素は体を作るたんぱく質や遺伝子情報を持つDNAなどの成分となり、リンは骨や歯の成分となる。また、植物の成長にも不可欠で、農業の肥料と

して重要な役割を果たす。その一方、ヒ素、アンチモン、ビスマスは毒性がある。特にヒ素は猛毒で、最も有名な毒物の１つであり、日本でもいたましい事件に使われたこともある。

また、リンの同素体の白リン（黄リンとも呼ばれる）も毒性があり、かつ酸化しやすいため空気中で自然に発火してしまう。

第16族 酸素族

O
S
Se
Te
Po
Lv

◆さまざまな鉱物の材料になる◆

「鉱物をつくるもの」という由来のように、酸素と硫黄はマグマの成分だ。セレンは硫黄の化合物として、またテルルは温泉などの近くで発見される

酸素、硫黄、セレン、テルル、ポロニウムが属し、酸素のほかは全て常温で固体。この族の元素は最外殻の電子の数が６つで、２つの空きがあるため、ほかの元素と結合する際に電子を受け取りやすい性質がある。酸素が金属などと結び付くと電子を奪い「酸化」し、さびた状態になる。酸素は地球を構成する元素の約28%であり、地殻中の存在割合ではほぼ半分を占め、主に海中の水や、地殻やマントルの中の二酸化ケイ素（SiO_2）で存在している。

酸素を除く４つの元素は「カルコゲン（鉱物をつくるもの、といった意味）」とも呼ばれており、酸素と同様にほかの元素と結び付いてさまざまな鉱物となる。

◆ 消毒や殺菌で大活躍 ◆

電子を受け取る（酸化させる）力が強く、微生物の細胞を破壊するため、消毒や殺菌に利用される

◆ 電子を捕まえようとする ◆

フッ素はあらゆる元素のなかで最も電子を受け取る力が強い

　フッ素、塩素、臭素、ヨウ素、アスタチンは「ハロゲン」と呼ばれる。最外殻の電子の数が7つで、最外殻の定員まで電子が詰まり安定した状態まで電子が1つ足りないため、接触した元素から電子を受け取る（酸化する）力が非常に強い。あらゆる元素の中で最も「電子を受け取りやすい」元素のグループである。

　生物の体が電子を奪われて「酸化」されると、細胞やたんぱく質などにダメージを与える。そのためハロゲン元素は生物に有害であり、塩素やヨウ素は消毒や殺菌にも使われている。一方で、ヨウ素は細胞の代謝を促す甲状腺ホルモンを合成するのに必要な元素でもある。アスタチンはヨウ素に似た化学特性を持つ。

◆ 水素とくっつきたがる ◆

ハロゲン分子（塩素）と水素の混合物は、熱や光を当てると爆発するので危険

◆ 金属ともくっついて鉱物になる ◆

ほかの物質と化合して「ハロゲン化合物」を作る。蛍石をはじめ、さまざまな鉱物がある

▶ 元素のトリセツ

電気陰性度

原子が電子を引きつける強さのこと。原子と原子が電子（が真ん中にある綱）で綱引きしているとイメージするとよいだろう。「イオン結合」（→P42）では、電気陰性度が大きい非金属元素が、小さい金属元素から電子を受け取り陰イオンになり、金属元素が陽イオンになる。周期表では、貴ガスを除き右上ほどが大きくなり、第17族フッ素（F）が最大となる。

酸化と還元

「酸化」というと、金属原子が酸素と結び付いてさびるなどの現象と思いがちだが、必ずしも酸素が関与する必要はない。酸化とは、電子を失う反応のことで、「還元」とは電子を受け取る反応のことだ。鉄がさびるときには鉄の電子を酸素が受け取って酸化鉄になる。なお、酸化と還元は必ず並行して起こり、鉄が酸化するときは酸素が還元されているのだ。

　金属元素などから電子を受け取るとその元素は陽イオンとなり、ハロゲンは陰イオンとなる。これが「イオン結合（陽イオンと陰イオンが電気的に引き合い、結合すること）」（→P42）によって結び付いたものが「塩（えん）」だ。ハロゲンは多くの場合、単体ではなく塩として存在している。ハロゲンという名前も、ギリシャ語で「塩をつくるもの」を意味している。

　電子を受け取りやすいということは、反応性が高く、ほかの物質とイオン結合して化合物を作りやすく、特に原子が小さい（原子番号の小さい）元素ほど反応性が高い。そのため、フッ素は反応性が高いものの１つであり、非常に多くの元素と化合物を形成する。それ以外のハロゲン元素もさまざまな物質と結び付き、その多くは鉱物（ハロゲン化鉱物）として採掘される。

◆ ほかから影響されづらい孤高の存在 ◆

貴ガスは安定しているため、めったにほかの物質と結合しない

◆ 透明で無味無臭の気体 ◆

ほかのものとほぼ反応しないため、常温で無色透明で無味無臭の気体

貴ガスは、ヘリウム、ネオン、アルゴン、クリプトン、キセノン、ラドンを指し、全て非金属で、常温では無味無臭、無色透明の気体だ。オガネソは不明。ヘリウム以外は最外殻の電子の数が8つであり、非常に安定しているため、電子を受け取ったり渡したりすることがほとんどない。これはほかの元素と反応したり、

結合したりしないということであり、自然界では多くの場合、単体のガスとして存在する。

反応性が低いという特徴は、引火したり爆発したりしないということで、安全性の高いガスとして利用される。例えば、気球や飛行船では、かつては水素が使われていた。ところが水素には引火や爆発の危険性が

◆燃えたり爆発したりしない◆

反応性が低く、火に近づけても引火・爆発することもないため、安全性が高い

◆液体や固体になりづらい◆

低温でもなかなか液体や固体にならないため、低温の気体、超低温の液体として利用できる

元素のトリセツ

希？稀？名前は不安定！

貴ガスは、かつては「希少な元素」であると考えられ、2005年までは希ガスまたは稀ガス（rare gas）と呼ばれていた。その後実際にはアルゴンなどは豊富にあり、それほど希少とはいえないことがわかったため、ほかの元素と反応しにくい孤高のガスということでnoble gas（＝高貴なガス）と英語での表記が改められた。これに従い、日本語での呼び方も「貴ガス」と変更されたのである。

貴ガスの反応

貴ガスは反応性が低く、化合物は作れないと考えられてきた。20世紀以降、高温や低温・高圧にしたり、太陽光を当てたりすることにより、貴ガス化合物の合成に成功している。

あり、実際に事故が多発したため、安全なヘリウムが使われるようになった。

さらに貴ガスは、融点と沸点が非常に低く、液体や固体になりにくいため、超低温の気体や液体として冷却剤などに使用されることもある。特にヘリウムは沸点・融点が低く、常圧では絶対零度でも固体にならない。また、極低温になることもある宇宙空間でも凍らない性質を活かして、探査機「はやぶさ」のイオンエンジンにはキセノンのガスが利用された。

貴ガス元素は電圧をかけると決まった色の明るい光を発する特徴があり、安全性も高いため看板などに用いる、いわゆる「ネオンサイン」などの光源として利用されている。光の色は、ヘリウムは白っぽい黄色、ネオンは赤、アルゴンは青や紫、クリプトンは白、キセノンは青白い色になる。

原子の結合と電子

私たちが普段見て触れているものは、全て元素が結合した姿だ。
元素の結合の方法の代表例とそのキーマンである電子について紹介しよう。

◆ 電子が増えたり減ったりすると 「イオン」になる ◆

「イオン」とは、原子が電子を放出したり、ほかの原子の電子を受け取ったりして、電気を帯びた状態のことをいう。電子を受け取った状態が「陰イオン」で、逆に放出した状態が「陽イオン」だ。

例えば、第17族の塩素（Cl）は、最外殻に7つの電子がありアルゴン（閉殻）と比べると1つ空席がある。第1族で最外殻の電子が1つのナトリウム（Na）と出会うと、塩素は電子を受け取り陰イオン（Cl^-）、ナトリウムは電子を与え陽イオン（Na^+）となり安定し、食塩の主成分である塩化ナトリウム（NaCl）になる。この結び付きを「イオン結合」と呼ぶ。金属元素が陽イオンに非金属元素が陰イオンになり電気的に引き合う。

◆ 元素同士が結び付く さまざまな「結合」 ◆

イオン結合のほかの代表的な結合は、原子同士で最外殻電子をシェアしている「共有結合」だ。単独では最外殻電子の数が、閉殻と比べて過不足がある原子が、電子を共有することで安定した状態になる。主に非金属元素同士で起こる。

金属単体あるいは金属同士が結び付く「金属結合」（→P23）では、複数の陽イオンの原子が電子を最外殻の電子（自由電子）を放出し合い共有する。

このように、原子は最外殻電子をやり取りし、エネルギー的な安定を求め貴ガスと同じ電子配置を目指し結合する。

電子をやりとりする

共有結合

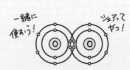

金属結合

電子が移動
塩素とナトリウムが出会うと、ナトリウムへ電子を1つ受け渡す。するとNaは陽子が11個、電子が10個で電気的にプラスとなる。Naは陽イオンに、Clは陰イオンになるのだ

He
Nd

第3章

身近な元素たち

個性的な性質をもつ118個の元素。一つ一つは極小ながら、私たちの身の回りの物を形作る大切な存在だ。ここからは、原子番号をもとにヨコ読みである「周期」順に、主な用途や性質をイラスト、発見時のエピソードともに紹介していく。

宇宙で最初にできたシンプルな元素

Hydrogen

水素

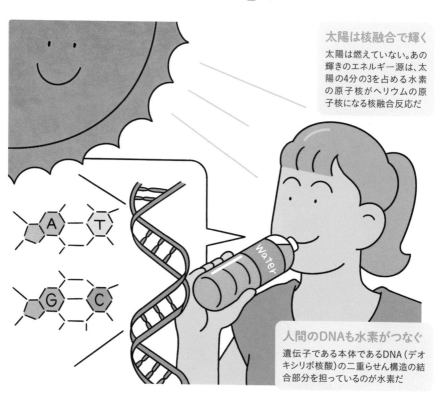

太陽は核融合で輝く

太陽は燃えていない。あの輝きのエネルギー源は、太陽の4分の3を占める水素の原子核がヘリウムの原子核になる核融合反応だ

人間のDNAも水素がつなぐ

遺伝子である本体であるDNA（デオキシリボ核酸）の二重らせん構造の結合部分を担っているのが水素だ

私たち生命に不可欠な元素

　周期表で最初に登場する水素は、陽子1個と電子1個からなる最もシンプルな構造をもつ。単体の水素は常温・常圧では気体だ。また、地球上の水素はほかの元素と結合し色々な化合物を作る。代表例の水は、2個の水素原子と1個の酸素原子が結合してできた化合物だ。水の沸点は100℃と比較的高いことから、地球の表面には海ができ、生命を育んできた。宇宙で地球に似た生物が生存できると考えられる惑星系がある領域「ハビタブルゾーン」も、液体の水が存在できることが条件の1つだ。

　人間の体も60％以上が水だといわれ、水素は人体に必要不可欠な存在になっている。また、生命を作る遺伝子の本体であるDNAの形成にも水素が深く関わっている。

第1周期

1

H

1 H

宇宙で最初にできた原子核

水素は宇宙で最初にできた元素だ。宇宙誕生直後は、超高温・超高密度だったが、その後急激に膨張しながら冷えていった。その際、極小の粒である素粒子の「クォーク」が集まり、原子核の素である陽子と中性子になった。この陽子1個は、最も軽く単純な構造をした水素原子核と同じだ。その92%が水素原子核だったという。それから約38万年後には宇宙の温度が約3000度まで下がり、原子核と電子が結合し電気的に中性の水素原子ができた。現在の宇宙でも約70％が水素で占められるため、宇宙で一番数の多い元素なのだ。

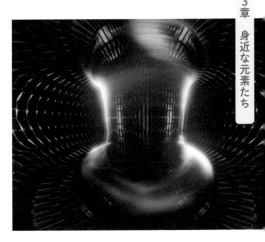

素を反応させて電気を生み出す装置を用いた燃料電池自動車は、クリーンな自動車として普及が推進されている。水素の需要増に対応するため、太陽光発電による電気で水を電気分解して水素を大量生産する技術開発も進められている。

地球温暖化防止の切り札に

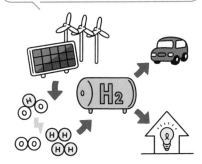

近年、水素は地球温暖化防止の切り札として注目度が高まっている。燃やしても二酸化炭素（CO_2）を排出しないため化石燃料に代わる次世代エネルギーとして期待されているのだ。例えば、水素と酸

ロケットの燃料にも利用

水素は酸素と反応して多量のエネルギーを放出することから、ロケットの液体燃料にも使われている。日本の大型主力ロケット「H-IIAロケット」も、液体水素と液体酸素の液体推進システムを利用している。また、未来の新エネルギー源として研究開発が進む核融合炉の燃料として、水素の同位体の利用が期待されている。

発見エピソード

1766年にイギリスのキャベンディッシュが発見。しかし1671年にはすでにイギリスのボイルが鉄と希硫酸から可燃性の気体が発生することを記録に残していた。

DATA

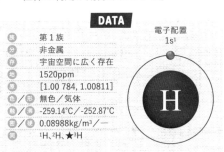

族	第1族	
分	非金属	
存	宇宙空間に広く存在	
地	1520ppm	
原	[1.00 784, 1.00811]	
色／形	無色／気体	
融／沸	-259.14℃／-252.87℃	
密／価	0.08988kg/m³／—	
同	¹H, ²H, ★³H	

電子配置
1s¹

H

45

超伝導電磁石を支える元素

Helium

ヘリウム

車体を浮かせて高速移動

リニア中央新幹線は、超伝導電磁
石で浮上して最高時速500kmで走
行可能

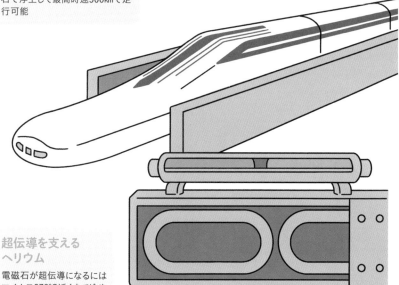

**超伝導を支える
ヘリウム**

電磁石が超伝導になるには
マイナス273℃近くまで冷や
す必要がある。そのために液
体ヘリウムが使われてきた

地球では希少な存在

　ヘリウムは、水素とともに宇宙初期にで
きたと考えられ、宇宙では水素に次いで2
番目に多い元素だ。太陽系を構成する物質
の約27.4％を占め、今でも太陽の中心部で
は、水素原子の核融合によりヘリウム原子
が作られている。このときに生み出される
エネルギーにより、太陽は高温になり明る

く輝き地球を温めている。

　一方、地球の大気中には0.0005％ほど
しか含まれていなく、19世紀に入るまで
ヘリウムの存在は知られていなかった。
1868年にイギリスの天文学者によって太
陽にある元素として発見された。その後、
ウラン鉱石に含まれるなど、地球上にも存
在していることがわかってきた。しかし、
非常に軽いため、宇宙空間へと逃げている。

極低温環境を生み出す冷却剤

ヘリウムの特徴は元素の中で最も沸点が低く、絶対零度（マイナス273.15℃）に近いマイナス268.934℃で液体になること。そのため、液体ヘリウムは極低温の世界を作るための冷却材として、極めて重要だ。極低温の世界では、超伝導などの現象が起こる。超伝導とは、特殊な金属や化合物を冷やしていくと電気抵抗が突然ゼロになる現象のこと。電気抵抗がゼロで、電流を流しても熱が発生しないため、消費電力が少なくても強力な電磁石を作ることができる。この超伝導の技術を利用しているのが、リニア中央新幹線や医療用MRI（磁気共鳴画像）装置だ。このときヘリウムは循環させながら使用されている。

潜水ボンベにも不可欠

ダイビングで深く潜る際に使用する潜水ボンベは「酸素ボンベ」と呼ばれ

るが、実際には酸素だけでなく、窒素より体内に溶解しにくいヘリウムが混合されている。これは気圧が高くなると、窒素混合だけだと窒素の麻酔作用が強くなる「窒素酔い」が、酸素だけだと脳や肺に悪影響を与える「酸素中毒」が起きてしまうためだ。

深刻さが増すヘリウム不足

近年は、半導体や光ファイバーの製造工程で冷却用にも使われ、需要が急拡大している。しかし、北アメリカやカタールなどごく限られた地域で産出する天然ガスに1〜7％程度しか含まれないため、生産が減少すると世界的な供給不足に陥ってしまう。全て輸入に頼っている日本にとっては、深刻な問題だ。

発見エピソード

1868年、イギリスの天文学者ロッキャーが太陽コロナを観測中、新たなスペクトルを発見。未知の元素があると考えた。ギリシャ神話の太陽神である「ヘリオス」から命名。

DATA

族	第18族
力	非金属・貴ガス
存	北アメリカ産の天然ガスなど
地	0.008ppm
原	4.002 602
色／形	無色／気体
融／沸	-272.2℃／-268.934℃
密／硬	0.1785kg/m³／—
同	³He、⁴He

電子配置
1s²

He

電気自動車用蓄電池としても活躍

Lithium

リチウム

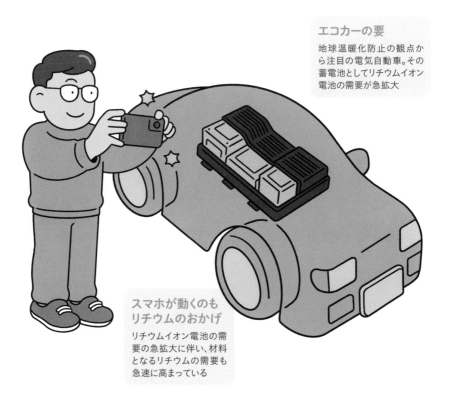

エコカーの要

地球温暖化防止の観点から注目の電気自動車。その蓄電池としてリチウムイオン電池の需要が急拡大

スマホが動くのもリチウムのおかげ

リチウムイオン電池の需要の急拡大に伴い、材料となるリチウムの需要も急速に高まっている

現代社会に欠かせない電池素材

リチウムは水素、ヘリウムとともに宇宙初期に作られた金属元素だ。金属の中で最も軽く、鉱石や海水などに含まれる。

近年、リチウムイオン電池に使われ需要が急増している。リチウムイオン電池は、従来の蓄電池に比べ軽く大容量で、電流も電圧も大きくできることから、ノートパソコンやスマートフォンといった小型の電子機器から、電気自動車から太陽光発電システムに組み合わせる大型の蓄電池まで、幅広く利用されている。しかし、リチウムイオン電池の電解質（正極と負極の間にある電気の通り道）は液漏れや低温下では性能が落ちるという弱点もある。そこで、電解質を固体にした全固体リチウムイオン電池の開発が進んでいる。

双極性障害の治療薬に利用

リチウムは双極性障害（躁うつ病）の治療薬としても用いられている。双極性障害の人は、体内のニューロン内のカルシウムイオンの濃度が高いといわれている。それに対し、双極性障害の治療薬に含まれる炭酸リチウム（Li_2CO_3）のリチウムイオンは、カルシウムイオンの放出に関わっている酵素の働きを妨げる役割を果たすと考えられる。それにより、カルシウムイオンの濃度が正常な値に戻ることで、双極性障害の症状が緩和されるとされる。

塩湖の塩水と鉱石から生産

リチウムはアルカリ金属に属するため、ほかの物質との反応性が高く、地球上では化合物として存在している。希少な元素ではないが、需要の拡大に伴い、価格も高騰している。

主に塩湖の塩水と鉱石から生産され、

埋蔵量の約70％がチリ、アルゼンチン、ボリビアに集中していると試算される。2020年の塩湖の塩水からの主な生産国はチリのアタカマ塩湖だが、鉱石からの主な生産国はオーストリアで、2カ国だけで、年間世界総生産量の約80％を占める。第3位中国を含めると、この3カ国で90％に達する。

海水からリチウムを回収

需要が拡大する一方で、生産国が限られるため、海水に含まれる微量のリチウムを濃縮して取り出す研究が進められている。海水中には、陸上の約5000倍のリチウムが含まれていると見積もられており、海洋国である日本でリチウム回収の技術ができればこの上ないことだ。しかし、濃度が極めて低いことから効率的な回収技術はまだ開発中だ。

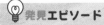

発見エピソード

1817年にスウェーデンの化学者アルフェドソンがペタル石（日本では「葉長石」という）の中から発見した。リチウムの元素名はギリシャ語の「石(lithos)」に由来する。

DATA

族	第1族
分	アルカリ金属
存	ペタル石、紅雲母、リチア輝石など
地	20ppm
原	[6.938, 6.997]
色／形	銀白色／固体
融／沸	180.54℃／1347℃
密／硬	534kg/m³／0.6
同	³Li、⁷Li

電子配置
[He]2s¹

Li

最新の宇宙望遠鏡にも使用

Beryllium

ベリリウム

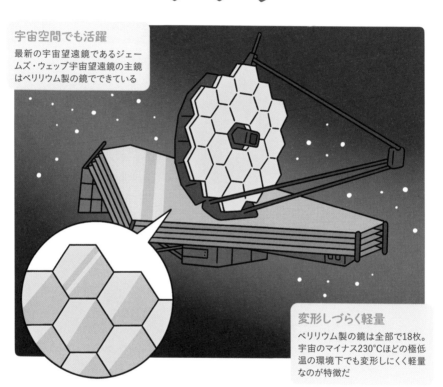

宇宙空間でも活躍
最新の宇宙望遠鏡であるジェームズ・ウェッブ宇宙望遠鏡の主鏡はベリリウム製の鏡でできている

変形しづらく軽量
ベリリウム製の鏡は全部で18枚。宇宙のマイナス230℃ほどの極低温の環境下でも変形しにくく軽量なのが特徴だ

軽量で強度が高い金属

　ベリリウムはアルカリ土類金属の一種で、軽くて硬く、融点が高いという特徴をもつ。アメリカ航空宇宙局（NASA）が打ち上げたジェームズ・ウェッブ宇宙望遠鏡には、ベリリウム製の六角形の鏡18枚を組み合わせた直径約6.5mの主鏡が搭載されている。望遠鏡の感度を高めるため、鏡は大型でなければならず、かつ極低温下でも形状を維持しなければならない。この条件に適合するのがベリリウムだったのだ。

　身近なものとしては合金に使用される場合が多い。特に銅にベリリウムを0.15〜0.2％添加した銅・ベリリウム合金は強度が高く、導電性に優れるため、電気を通す導電バネ材として、パソコンやスマートフォンなどの電子機器に使われている。

医療や音響などで活躍

銅合金以外では、酸化ベリリウムが原子炉用の減速材や反射材として注目されている。軽量で高強度が求められる飛行機や自動車の部品もベリリウムの合金が使われるが、ほかの金属に比べ精錬が難しく高コストだ。そのほか、金属のベリリウムはX線をよく通すことから、レントゲンなどでX線を取り出すためのX線管の窓の材料として使われている。さらに、硬さと軽さを活かし、ハイエンドな音響用スピーカー振動板にも利用される。

宝石となる鉱石に含まれるが毒物

単体のベリリウムは銀色だが、大気中では酸化し皮膜を作る。発見されたのは、宝石鉱物としても知られる緑柱石（ベリル）と呼ばれる六角柱状の鉱物からだ。緑柱石のうち、透明で美しく緑色のものがエメラルド、水色のものがアクアマリン、

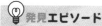

発見エピソード

1798年にフランスのボークランがベリリウムの金属酸化物を発見した。元素を単離したのはドイツのヴェーラーとフランスのビュシーで1828年のことだ。

黄緑色のものがグリーンベリルとして加工されている。しかし、粉末状のベリリウムには強い毒性があるため、加工の際には専用のマスクや防護服が不可欠だ。

電子機器内部でバネとして活躍

ベリリウム銅は、極めて高い強度とバネ性、高導電性があり、電子部品の継電器やコネクタなどのバネに利用されている。ある程度加工が容易でさまざまな形状に成形でき、かつ熱処理による硬化により強度が高まる特性により、従来よりも小型化され高いバネ圧力を発揮することができる。また、バネ特有の繰り返し動作における合金の疲労にも特性があるため、長期的に使用される環境でも信頼性が高いことでも知られる。

DATA

		電子配置 [He]2s²
族	第2族	
分	金属	
存	緑柱石（ベリル）など	
地	2.6ppm	
原	9.012 1831	
色／形	銀白色／固体	
融／沸	1287℃／2472℃	
密／硬	1848kg/m³／6.5	
同	★⁷Be、⁹Be、★¹⁰Be	

Be

ダイヤモンドの次に硬い化合物を作る元素

Boron

ホウ素

農作物を育む

ホウ素は、根菜類がコルク栓のような質感になるコルク化や果菜類の亀裂を抑制する

お邪魔虫を退治

ゴキブリを駆除する毒餌剤であるホウ酸団子は、昔から農家などで使われてきた

殺菌作用を利用して目薬やホウ酸団子に

ホウ素は単体では自然界には存在せず、ホウ酸塩鉱物として産出する元素だ。単体のホウ素は半金属で黒灰色をしているが、通常は化合物のまま利用される。

ホウ素の化合物であるホウ砂やホウ酸には防腐効果や殺菌作用があるため、目の洗浄剤として利用されてきた。防腐剤として目薬に配合されている場合もある。

また、農産物の細胞壁を育てることから、農作物の肥料にも使われている。

そのほか、ゴキブリを駆除するホウ酸団子としても昔から農家などで使われている。ゴキブリなどには強い毒として作用するとされ、ホウ酸が体内に入ると脱水症状を起こして死んでしまうという。

科学実験に欠かせない存在

　ホウ素が最も多く利用されているのが、ガラス製品だ。ガラスにホウ素の化合物である酸化ホウ素（B_2O_3）を混ぜると、温度差によってガラスにひずみが生じるのを防いで、割れにくくする。そのため、ホウ素を含んだガラスは耐熱ガラスとして、化学実験のビーカーや試験管、調理器具のティーポットなどに使用されている。

　また、ホウ素の原料鉱石であるホウ砂は、洗濯のり（PVA）と反応し網目状になることからプルッとした手作りスライムを作ることができ、子どもたちの実験にも使われる。絵の具を入れるとカラフルに！

して使われている。

　ホウ酸塩には、燃焼している炭化物から発生する可燃ガスの発生を抑える作用がある。そのため、住宅の断熱材に使われるセルロースファイバーには、防炎剤としてホウ酸とホウ砂の混合物が添加されている。

　また、高温・高圧で加工された立方晶窒化ホウ素（cBN）は、ダイヤモンドに次いで硬いため、金属の加工に用いられる切削工具の素材などに使われている。ホウ素と炭素が結合した炭化ホウ素（B_4C）も硬い化合物で、戦車の装甲、防弾チョッキなどに利用される。

　ホウ素の同位体であるホウ素10（^{10}B）は中性子を吸収して、核分裂の連鎖反応を止める働きをする。そのため、ホウ素10の濃度を高くした炭化ホウ素は、原子力発電の制御棒にも利用されている。福島第一原発事故が起きた当時は、核分裂反応を抑えるためにホウ酸水が注入された。

高い難燃性と硬度を誇る

　ホウ素は融点が高く、単体でも化合物でも耐火性に優れる。そのため、ホウ素の化合物である二ホウ化チタン（TiB_2）や二ホウ化ジルコニウム（ZrB_2）、二ホウ化クロム（CrB_2）はロケットのノズルやタービンの翼などの耐熱コーティング剤と

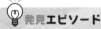

発見エピソード

1808年にイギリスのデービーとフランスのゲイ＝リュサックが不完全ながらホウ素を抽出した。ほぼ純粋なホウ素を単離したのはフランスのモアッサンで、1892年のことだ。

DATA

		電子配置
族	第13族	[He]$2s^2 2p^1$
分	半金属・ホウ素族	
存	ホウ砂などホウ酸塩鉱物や電気石などのホウケイ酸塩鉱物	
地	10ppm	
原	[10.806,10.821]	
色／形	黒灰色／固体	
融／沸	2077℃／3870℃	
密／硬	2340kg/m³／9.3	
同	^{10}B、^{11}B	

生命に最も欠かせない元素

Carbon

炭素

第2周期

6

C

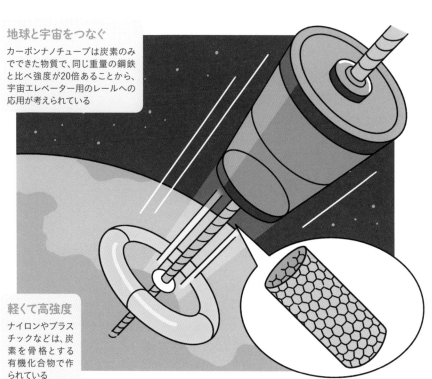

地球と宇宙をつなぐ
カーボンナノチューブは炭素のみでできた物質で、同じ重量の鋼鉄と比べ強度が20倍あることから、宇宙エレベーター用のレールへの応用が考えられている

軽くて高強度
ナイロンやプラスチックなどは、炭素を骨格とする有機化合物で作られている

太古から人類に利用され未来の技術活用にも期待

　炭素は原子同士の結合により多様な性質を発現する元素だ。生物は、炭素や水素、酸素、窒素などで構成された有機物（有機化合物）ででき、炭素はその骨格として重要な役割を担う。人類との歴史は長く、日本では約30万年前から木炭が使われていたという。

　炭素の同素体（→P20）の代表例は、グラフェンやグラファイト（黒鉛）とダイヤモンドだ。そのほか、炭素原子が球状に結合したフラーレン、飯島澄男博士が発見した炭素原子が筒状になったカーボンナノチューブがある。特にカーボンナノチューブの強度は鋼鉄の20倍で弾力性に優れ電気をよく通すため、自動車や宇宙船、電子部品の材料への応用が期待される。

有機物の種類が多い理由

有機物の種類は非常に多く、億の種類といわれる。種類が多い理由は、炭素原子の電子配列にある。炭素は最外殻に4つの電子があり、あと4つの電子を受け入れる余地がある。つまり1つの炭素原子は最大で4つの原子と結合することができる。この炭素原子が連なることで、直線的な分子だけでなく、枝分かれや環状などさまざまな大きさや形をした分子を作ることができたのだ。

炭素は、動植物の体や、二酸化炭素やメタンなどの気体や鉱物など、さまざまな形で存在している。生命の営みや、大気や海洋環境の変化により、炭素が形態を変えながら移動することを「炭素循環」という。

鉛筆の芯に使われる炭素

炭素の同素体で、鉛筆の芯に使われるグラファイト（黒鉛）は触るだけで手についてしまうほどやわらかい。そ

れは、原子が六角形を作り、平面的に結合しているためだ。この六角形が薄い層状に積み重なっているので、すぐに剥がれてしまうのだ。鉛筆の芯はこの剥がれやすいという性質を利用している。

ダイヤモンド半導体に期待

炭素原子が正四面体状に重なり、強く結合しているダイヤモンドは地球上で最も硬い鉱物だ。天然のダイヤモンドは地下100km以上の超高温・超高圧の環境下で長い時間をかけて作られる。

フランスのラボアジェは1772年頃ダイヤモンドを太陽の光で燃やすと二酸化炭素になることを発見した。また、1794年にイギリスのテナントはダイヤモンドが炭素のみからできていることを明らかにした。文明の発展とともに研究が進み、最近はケイ素（シリコン）やゲルマニウムに次ぐ半導体材料として高圧・高温・放射線に強いダイヤモンド半導体の開発が進んでいる。

発見エピソード

炭素は木炭や石炭の成分として古くから知られ利用されてきたが、ダイヤモンドが炭素の同素体であることが発見されたのは1797年のことだ。

DATA

族	第14族
分	非金属・炭素族
存	化合物として地球上に広く存在
地	480ppm
原	[12.0096,12.0116]
色／形	黒色(黒鉛)、無色(ダイヤモンド)／固体
融／沸	3550℃／4827℃
固／液	3513kg/m³／10(ダイヤモンド)、2250kg/m³/1(黒鉛)
同	★¹¹C、¹²C、¹³C、★¹⁴C

電子配置
[He]2s²2p²

大気の約8割を占める、農業に欠かせない元素

Nitrogen

窒素

人口増加を支える

農業において窒素肥料は欠かせない。人口増加は農作物の生産量を飛躍的に高めた窒素肥料のおかげだ

食糧問題を解決した偉人たち

1906年にドイツの化学者ハーバーとボッシュが考案した「ハーバー・ボッシュ法」によりアンモニア合成が可能に

農業生産に革命を起こした

窒素は、DNA（デオキシリボ核酸）やたんぱく質の構成成分として生物にとって必要不可欠で、植物の成長を促す肥料として必須の元素だ。窒素を生物が取り込めるようにするには、窒素分子から窒素と水素の化合物であるアンモニア（NH_3）を作る必要があり、自然界では土壌の根粒菌がこの役割を担っている。

アンモニアの工業的な生産は、1906年に考案された鉄を主体とする触媒で水素と窒素を反応させる「ハーバー・ボッシュ法」で可能となった。これにより、窒素肥料の大量生産を実現し、農作物の生産量が飛躍的に高まり農業革命が起こったのだ。

アンモニアのほか、硝酸（HNO_3）も工業にとって欠かせない窒素酸化物だ。

便利だが窒素酸化物は問題に

　地球の大気中の約78％を占める窒素は、常温では無色透明、無味無臭の気体のため、私たちが存在を感じることはない。常温では酸素と反応しづらいが、高温になると酸素とさまざまな窒素酸化物（NOx）を作る。窒素酸化物は工場や自動車の排ガスに含まれ、大気汚染や酸性雨の原因となるため、白金触媒による分解などが行われている。

　窒素化合物であるアンモニアは、燃焼時に二酸化炭素（CO_2）を排出しないことから、クリーンな次世代燃料として注目度が高まっている。再生可能エネルギーを使って水を電気分解して作った水素を、大気中の窒素と反応させてアンモニアを作ることができる。しかし、窒素酸化物ができることから抑制に向け実証実験が行われている。

ダイナマイトや狭心症の薬にも

　ダイナマイトの原料であるニトログリセリン（$C_3H_5N_3O_9$）は、非常に反応

性が高く、少しの振動でも爆発する不安定な物質だったが、アルフレッド・ノーベルが珪藻土（けいそう）に染み込ませることで安定させ、ダイナマイトの普及に至った。

　一方、冠状動脈を広げる作用から、狭心症の薬にも使われている。1846年にイタリアの化学者アスカニオ・ソブレロが初めて合成に成功した。

たんぱく質の構成に不可欠

　人体を構成するたんぱく質は、窒素化合物の１つであるアミノ酸（20種類ほどある）が結合したものだ。アミノ酸は、炭素（C）を中心に、水素原子（H）、カルボキシ基（－COOH）、アミノ基（－NH_2）とR基（側鎖（そくさ）といい、アミノ酸の種類を分ける存在）からなり、窒素はアミノ基に含まれる。

発見エピソード
イギリスのキャベンディッシュも同時期に発見したとされるが、発表しなかったことから、公式には、発見者は1772年に発見したスウェーデンのシューレらとされている。

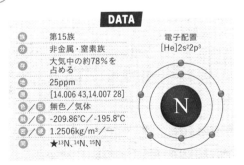

DATA

族	第15族
分	非金属・窒素族
存	大気中の約78％を占める
地	25ppm
原	[14.006 43,14.007 28]
色／形	無色／気体
融／沸	-209.86℃／-195.8℃
密／硬	1.2506kg/m³／―
同	★^{13}N、^{14}N、^{15}N

電子配置
[He]2s²2p³

ほとんどの生物にとって不可欠な元素

Oxygen

酸素

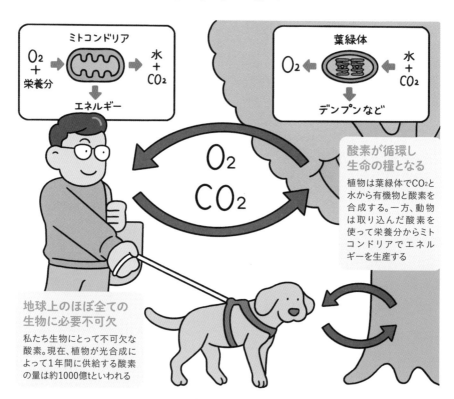

ミトコンドリア

O_2 + 栄養分 → [ミトコンドリア] → 水 + CO_2

エネルギー

葉緑体

O_2 ← [葉緑体] ← 水 + CO_2

デンプンなど

O_2
CO_2

酸素が循環し 生命の糧となる

植物は葉緑体でCO_2と水から有機物と酸素を合成する。一方、動物は取り込んだ酸素を使って栄養分からミトコンドリアでエネルギーを生産する

地球上のほぼ全ての 生物に必要不可欠

私たち生物にとって不可欠な酸素。現在、植物が光合成によって1年間に供給する酸素の量は約1000億tといわれる

空気中の約20%を占める元素

　酸素は常温・常圧で無色透明、無味無臭の気体だ。空気の体積の約21%を占めており窒素に次いで多く存在する元素だ。反応性に富み、多くの元素と酸化物を作り、海中では水、地殻やマントルの岩石中では二酸化ケイ素（SiO_2）で存在している。地殻中の存在割合では、ほぼ半分を占め最も多く存在する元素だ。

　人間をはじめとするほとんどの生物が、呼吸に酸素を利用している。細胞内で栄養分と酸素が反応することで、エネルギーが発生するのだ。この酸素は主に、植物や藻類が、太陽光のエネルギーで水と二酸化炭素（CO_2）から有機化合物を生成する「光合成」によって産出されている。酸素が循環することで今の環境が成り立っているのだ

酸素を使う呼吸

　地球誕生からしばらくは、大気中に酸素は存在せず、初期の生物は酸素を使わない呼吸をしていた。しかし約35億年前に、光合成をする単細胞のシアノバクテリアが登場し酸素濃度が上昇する。この痕跡は世界各地で発見されるストロマトライトの化石からたどることができる。ストロマトライトとは、シアノバクテリアと泥粒によって作られた層状の岩石のこと。

　その後、酸素を使う呼吸をし、かつ酸素を無害化するしくみをもった生物が登場した。酸素を使う呼吸は、酸素を使わない呼吸に比べて大量のエネルギーが得られるため、私たち人間をはじめとる酸素呼吸をする生物が繁栄するに至ったのだ。

有害な紫外線が増える
オゾン層の破壊

　現在、二酸化炭素などの温室効果ガスの増加に伴うオゾン層の破壊が危惧

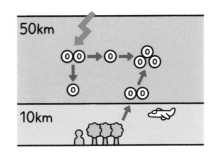

されている。オゾンとは酸素原子3個からなる気体だ。植物の光合成で作られた酸素分子は大気中に放出され、成層圏まで上がり、紫外線により2個の酸素原子に分解される。この酸素原子と酸素分子が結合してオゾンが作られる。大気中のオゾンは上空約10～50kmにある成層圏に約90％存在しており、オゾンの多い層をオゾン層という。このオゾン層が破壊されると地上に到達する有害な紫外線が増える恐れがあるのだ。

燃焼は酸素と結合する現象

　酸素がほかの物質と反応し熱や光を出すことを「燃焼」という。つまり、とても激しい酸化反応だ。鉄との酸化反応を例にとると、長い糸状にしたスチールウールは、酸素とふれる面が多く激しく酸化反応するため燃焼する。鉄の塊は表面積が少ないため、ゆっくり酸化し鉄さびができる。

発見エピソード

1771年にスウェーデンのシェーレが発見した。しかし、発表のための出版が遅れたことから、イギリスのプリーストリーの研究の方が先に世に出た。

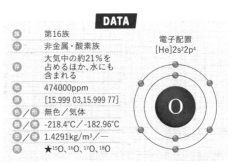

DATA

族	第16族	電子配置 [He]2s²2p⁴
分	非金属・酸素族	
存	大気中の約21％を占めるほか、水にも含まれる	
地	474000ppm	
原	[15.999 03,15.999 77]	
色／形	無色／気体	
融／沸	-218.4℃／-182.96℃	
密／硬	1.4291kg/m³／—	
同	★¹⁵O、¹⁶O、¹⁷O、¹⁸O	

フライパンの表面加工でおなじみ

Fluorine

フッ素

料理で大活躍
フッ素化合物のフッ素樹脂は熱に強く、水や油をはじくことからフライパンなどのテフロン™加工に利用される

食後は歯磨きを忘れずに
フッ素は虫歯予防の効果があるとされ、化合物が歯磨き粉に使われている。

　フッ素は自然界ではフッ化カルシウム（CaF₂）が主成分の蛍石として存在する。単体のフッ素は常温で淡黄緑色の気体で、特有の刺激臭があり中毒症状や死亡に至らせる危険なガスだ。第17族のハロゲンなので、ほかの原子から電子を1つ受け取り安定しようとするため、活性元素以外の化合物を作る。水や肉や魚、お茶などの食品に微量ながら含まれ、歯や骨、血液中にも存在している。

　有機物の中の水素をフッ素に置き換えると有機フッ素化合物になる。この化合物はほかの物質とはほとんど反応せず、熱や薬品への耐性も高く安定している。この特性を利用したのがフッ素樹脂だ。フッ素樹脂加工により表面が焦げつきにくくなる。

 発見エピソード
19世紀初頭から多くの化学者が単離を試みたが劇物であることから死亡者が続出。1886年にフランスのモアッサンが単離に成功した。

DATA

族	第17族
分	非金属・ハロゲン
存	蛍石、氷晶石、リン灰石など
地	950ppm
原	18.998 403 162
色/形	淡黄緑色/気体
融/沸	-219.62℃/-188.14℃
密/硬	1.696kg/m³/—
同	★¹⁸F、¹⁹F

電子配置　[He]2s²2p⁵

ネオン看板で有名な元素

Neon

ネオン

ネオンは常温では無味無臭、無色の気体だ。ネオンが属する第18族元素はヘリウムを除き、最外殻に電子が８つあるため、非常に安定している。このようなほかの元素と反応しにくい不活性元素を貴ガスと呼ぶ。ネオンの最もなじみ深い用途は、夜の街を彩るネオンサインだろう。ネオンサインとはガラスの放電管の中にネオンを封入したもので、放電管に電圧をかけると赤橙色の光を発して輝く。放電管の中ではネオン原子の電子が励起状態になり、それが基底状態に戻る際に赤橙色の光を発するのだ。ネオン以外の貴ガスも特有の光を発する。ネオンサインは、1900年代初頭のパリ万国博覧会で始めて登場し、経済発展による都市の発展を象徴するように街中を彩ってきた。

発見エピソード

イギリスのラムゼーとトラバースがヘリウムとアルゴンの間に不活性ガスがあると予測。1898年に液体空気から単離に成功。

DATA

族	第18族
分	非金属・貴ガス
存	大気中にごく微量含まれる
地	0.00007ppm
原	20.1797
色／形	無色／気体
融／沸	-248.67℃／-246.048℃
密／硬	0.89990kg/m³／—
同	²⁰Ne、²¹Ne、²²Ne

電子配置　[He]2s²2p⁶

Ne

第2周期

10

Ne

レトロな蛍光看板でお馴染み
ネオンサインに使われているネオンなどの貴ガス。貴ガスの種類によって発する色が異なる

人にやさしい光にも
ヘリウムネオンレーザーは、痛みを緩和する目的で歯科医療にも用いられる

人体と元素

私たちが知る元素は全部で118種類。そのなかで主にたった11種類の元素が、
人間の体を形作っている。

 ## 人体を構成する元素

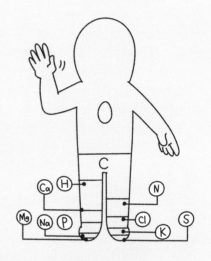

　私たちの体の約99.8％は、たった11種類の元素でできている。その中で最も多く存在している元素は酸素で、質量比でみると実に全体の65％も占めている。以下、1％以上のものに炭素、水素、窒素、カルシウム、リンの6種があり、これらの元素がアミノ酸やたんぱく質、脂肪、骨などを構成する。これに硫黄、カリウム、ナトリウム、塩素、マグネシウムを加えた11種類の元素が「常量元素」と呼ばれている。

　残りの約0.2％にあたる23種類は、「微量元素」と「超微量元素」と呼ばれる。微量元素は、鉄、フッ素、ケイ素、亜鉛、ルビジウム、ストロンチウム、鉛、マンガン、銅の9種類。超微量元素は、アルミニウム、カドミウム、スズ、バリウム、水銀、セレン、ヨウ素、モリブデン、ニッケル、ホウ素、クロム、ヒ素、コバルト、バナジウムの14種類。このうち、鉄、亜鉛、マンガン、銅、セレン、ヨウ素、モリブデン、クロム、コバルトの9種類は「必須微量元素」だ。

　必須常量元素と必須微量元素の20種類は、「必須」という言葉からもわかるとおり、たとえ微量であっても人間の生命維持に欠かすことができない。必須元素の欠乏は人体への悪影響を引き起こし、最悪の場合は

■常量元素（11種）と存在比（質量）

元素名 （元素記号）	存在比 （％）	元素名 （元素記号）	存在比 （％）
酸素(O)	65.0	硫黄(S)	0.25
炭素(C)	18.0	カリウム(K)	0.2
水素(H)	10.0	ナトリウム(Na)	0.15
窒素(N)	3.0	塩素(Cl)	0.15
カルシウム(Ca)	1.5	マグネシウム(Mg)	0.05
リン(P)	1.0		

■微量元素（9種）

鉄(Fe)★	亜鉛(Zn)★	鉛(Pb)
フッ素(F)	ルビジウム(Rb)	マンガン(Mn)★
ケイ素(Si)	ストロンチウム(Sr)	銅(Cu)★

■超微量元素（14種）

アルミニウム(Al)	セレン(Se)★	クロム(Cr)★
カドミウム(Cd)	ヨウ素(I)★	ヒ素(As)
スズ(Sn)	モリブデン(Mo)★	コバルト(Co)★
バリウム(Ba)	ニッケル(Ni)	バナジウム(V)
水銀(Hg)	ホウ素(B)	

★＝必須微量元素

死に至ることもあり得る。コバルトは人体にわずか1.5mgしか存在しないが、不足すると貧血や手足のしびれ、記憶力の低下などを引き起こす。この必須元素から酸素、炭素、水素、窒素を除いた16種類が、「ミネラル（無機質）」である。このミネラルは人間の体内で作ることができないので、私たちは毎日の食事で摂取するしかない。そのため厚生労働省では、特に13種類のミネラルの食事摂取基準を制定している。

毒にもなる元素

　必須な一方で過剰な摂取も人体へダメージを与える。例えば、カルシウムが欠乏すると、骨や歯の発育障害や骨粗しょう症の要因となるが、逆に過剰に摂取した場合は、尿路結石などの原因になる。またナトリウムの欠乏症は神経痛や発熱、めまいなどを、過剰摂取は高血圧症を引き起こす。

　また、元素は金属元素と非金属元素に分かれ、金属元素のうち比重が鉄より大きい4以上のものを「重金属元素」と呼ぶ。人体を構成する元素のうち鉄、鉛、銅、クロム、カドミウム、水銀、ヒ素、マンガン、コバルト、モリブデンなどがそれにあたる。重金属元素のなかには、人体に必要なものと体内に蓄積すると有害なものとがある。人体

恐ろしい重金属元素

イタイイタイ病のカドミウム

富山県神通川流域や群馬県安中市で発生したイタイイタイ病は、工業排水に含まれていたカドミウムが原因だった。カドミウムの慢性中毒により、腎機能障害や骨折によって内臓が圧迫され、全身に激痛が走るという恐ろしい公害病である。

水俣病の水銀

熊本県水俣湾周辺の住民が、体のしびれを訴えるなど奇病が発生した。原因は工場から出た廃液に含まれていたメチル水銀が、魚介類の体内に蓄積され、それを食べた人間が中毒になったものであった。

その他の恐ろしい元素

ヒ素　　　森永ヒ素ミルク中毒事件
六価クロム　江戸川区、江東区の工場従業員に肺がんなどが多発
硫酸、鉛、銅　足尾鉱毒事件
二酸化硫黄　四日市ぜんそくの原因となった汚染大気を引き起こした

に有害なものの過剰な摂取が、水俣病やイタイイタイ病などの公害の原因となった。

　水俣病の場合は、工場排水などから微量のメチル水銀をとった小魚を大きな魚がエサとするうちに、海中の食物連鎖上位である大型魚に毒性が発揮される量が蓄積される「生物濃縮」が起こったのだ。人間がこれらの魚介類をたくさん食べたことにより、中毒性の神経疾患、水俣病が起こった。

　国は、土壌汚染対策法や水質汚濁防止法など、健康被害防止の法制度を整備している。

■ミネラル（鉱物）の主な影響

元素		欠乏による主な影響	過剰による主な影響
カルシウム	Ca	骨の形成不良、骨粗しょう症	高カルシウム血症、高カルシウム尿症
カリウム	K	脱力感、筋力低下、食欲不振	高カリウム血症
マグネシウム	Mg	不整脈、吐き気、精神障害	血圧低下、吐き気、心電図異常
ナトリウム	Na	疲労感、血液濃縮、食欲不振	高血圧などの生活習慣病、がん
リン	P	脱力感、筋力低下、溶血	カルシウム吸収の阻害
亜鉛	Zn	味覚障害、貧血、生殖機能の低下、脱毛	貧血、骨異常、毛髪異常

人体に不可欠だが過剰摂取は禁物

Sodium

ナトリウム

循環するナトリウム

海水の塩分は、大陸の侵食や海底火山などが主な供給源だ。降雨が河川を流れる際や、地下に浸透した水が土壌や岩盤中を流れる際に、水は土壌や岩石中の鉱物と反応し、ナトリウムイオンなどを溶解している

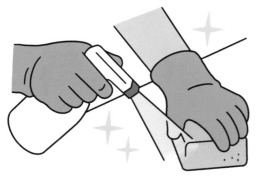

海が塩辛い理由

海水1kg当たりには約34gの塩類が溶け込んでいる。その中でナトリウムイオンが2番目に多い。これらが海水の塩辛さの原因だ

掃除にも役立つ

水酸化ナトリウム（NaOH）は強いアルカリ性により、たんぱく質汚れや油汚れの分解力があり、洗浄剤に含まれる

食塩は海水などを乾燥させて生産

食塩は主成分が塩化ナトリウム（NaCl）という化合物である。古代の海や塩湖などの水分が蒸発し塩分が濃縮することで岩塩になる。海水の塩分濃度は3.5%前後だが、陸に閉ざされた内陸湖・塩湖の中にはこれよりも塩分濃度が高いものもある。現在、天然由来の食塩は主に、岩塩や塩田で海水を天日により乾燥させて塩を取り出した海塩、湖塩などから作られる。南アメリカのボリビアにあるウユニ塩原では、塩の生産と観光が地域住民の主な収入源となっている。

自然界では化合物として存在

単体のナトリウムは銀色で非常にやわらかいアルカリ金属で、非常に反応性が高く、水に入れると激しく反応し、水素ガス（H_2）と水酸化ナトリウム（NaOH）に変化する。地上のナトリウムの存在量は多いが、塩化ナトリウムなど化合物の形で存在する。

また、人間にとって不可欠な元素で、70kgの成人の体内には約100gのナトリウムが存在する。水分量や細胞内のイオンバランスの調整、神経伝達、赤血球の形態維持などを担う。一方、慢性的な過剰摂取は高血圧の原因として知られる。

クッキーやパンケーキに不可欠

ナトリウムの化合物である炭酸水素ナトリウム（$NaHCO_3$）は、重曹とも呼ばれ、胃酸を抑える胃腸薬、食品のベーキングパウダーなどの成分となる。ベーキングパウダーに含まれる炭酸水素ナトリウムは加熱すると二酸化炭素（CO_2）を発生して分解することから、ケーキなどに加えると多孔質でふわふわかつサクサクの生地ができる。そのほか、医療用の発泡剤やシュワシュワする入浴剤としても使われている。

発見エピソード

1807年、イギリスのデービーは水酸化カリウムを電気分解することで金属カリウムを分離。数日後、同じ方法で水酸化ナトリウムから金属ナトリウムを取り出すことに成功。

DATA

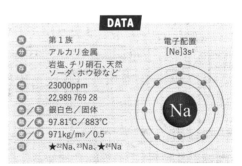

族	第1族	電子配置
分	アルカリ金属	[Ne]3s¹
存	岩塩、チリ硝石、天然ソーダ、ホウ砂など	
地	23000ppm	
原	22,989 769 28	
色／形	銀白色／固体	
融／沸	97.81℃／883℃	
密／硬	971kg/m³／0.5	
同	★²²Na、²³Na、★²⁴Na	

マグネシウム

強く硬い合金に

軽く堅牢なマグネシウム合金は自動車や新幹線、航空機などに使われている
※ロボットはイメージ

実用金属の中では最も軽量

　マグネシウムはリチウム、ナトリウムに次いで3番目に軽い金属だ。アルミニウムの3分の2の重さで、実用金属の中では最も軽い金属といえる。自然界には単体のマグネシウムは存在せず、化合物として岩石などに含まれ広く分布し、海水や動植物にも含まれる。海水中には塩化マグネシウム（MgCl）の形で、高濃度で大量に存在する。

　マグネシウムと亜鉛、アルミニウムからなるマグネシウム合金は、現代社会を支える存在だ。その軽さと堅牢性を活かして、自動車や新幹線などの鉄道車両、航空機、レーシングカーのタイヤホイールなどに使われている。そのほか、ノートパソコンや一眼レフカメラなど、身近な金属製の機器に多用され、軽量化に貢献している。

植物の光合成で重要な役割

マグネシウムは動植物の必須金属の1つで、体重70kgには約19g含まれるといわれる。その多くは骨に存在しているが、筋肉や脳、神経などにも存在しており、軟骨と骨の成長、酵素の活性化など重要な働きをしている。マグネシウムが欠乏すると筋肉の震えや脈の乱れが起きるが、体内での代謝についてはよくわかっていない。

一方、植物においては、光合成の役割を果たす葉緑素分子（クロロフィル）の真ん中に存在している。太陽の光エネルギーを化学エネルギーに変換するための重要な役割を担っている。

たんぱく質同士をつないで豆腐を作る

豆腐を固めるために使われるにがりには、塩化マグネシウム（$MgCl_2$）が使われ

ている。海水を煮詰めて塩化ナトリウム（NaCl）を取り出したのちの水溶液から作られることが多い。豆乳のたんぱく質同士を、にがりに含まれるマグネシウムイオンがつないで塊にすることで、豆腐にすることができるのだ。

カメラ撮影で活躍した

単体のマグネシウムは　銀白色の金属で、鉱物から製造されるが、海水を原料とする電解法技術も開発されている。とても酸化しやすく、特に粉末状だと、酸化時に強烈な熱と光、つまり閃光を発しながら白熱して燃える。この性質を利用して、昔は写真撮影時のフラッシュ（閃光粉）として使われていた。

発見エピソード

金属ナトリウムを取り出すことに成功したデービーが1808年に発見。これは水銀との合金であり、純粋な金属マグネシウムは1830年ごろにフランスのビューシーが分離に成功。

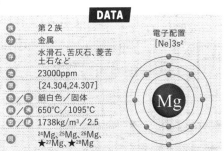

DATA	
族	第2族
分	金属
存	水滑石、苦灰石、菱苦土石など
地	23000ppm
原	[24.304,24.307]
色／形	銀白色／固体
融／沸	650℃／1095℃
密	1738kg/m³／2.5
同	^{24}Mg, ^{25}Mg, ^{26}Mg, ★^{27}Mg, ★^{28}Mg

電子配置 [Ne]3s²

軽くて加工しやすい実用金属

Aluminium

アルミニウム

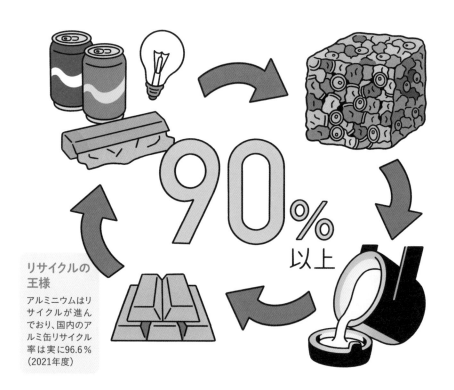

90%以上

リサイクルの王様

アルミニウムはリサイクルが進んでおり、国内のアルミ缶リサイクル率は実に96.6％（2021年度）

ボーキサイトから大量生産

　金属アルミニウムの工業生産が始まったのは19世紀半ばで、主要鉱石のボーキサイト（赤茶色の鉱石）からアルミナ（酸化アルミニウム、Al_2O_3）を抽出したのち電気分解によりアルミニウムの地金を製造する。近年はリサイクルが進んでおり「リサイクルの王様」と呼ばれる。

　単体のアルミニウムはやわらかく加工しやすいほか、熱伝導率が高いため、調理器具に使われる。

　また、銅や亜鉛、マグネシウムなどの金属を溶かし込み、合金を作ることも容易。アルミニウム合金の代表格といえばジュラルミンだ。軽くて強度が高いため、ジュラルミンケースのほか、自動車や航空機に使われる。

化合物は宝石に

アルミナの天然結晶はコランダム（鋼玉）と呼ばれる鉱物で、大きなものは宝石になる。この結晶構造の中にクロムが入り込んでいると赤い色を発し、ルビーと呼ばれる。チタンや鉄などの金属が入り込み、無色、青色、緑色、オレンジ色など赤色以外の色をしている場合は、全てサファイヤと呼ばれる。コランダムは硬度が高いので、金属やガラスの研磨剤としても用いられる。また、アルミナから人工ルビーなども作られており、時計の部品やレーザー素子に利用されている。

多くの特性をもつ優秀な金属

アルミニウムは地殻においては、酸素、ケイ素に次いで3番目に多く存在する元素だ。金属元素としては最も多く、鉄の約2倍ある。アルミニウムは銀白色の軽金属だ。空気中では、表面が薄く、緻密な酸化皮膜に覆われるため、内部まで酸素が行かず、腐食しにくいという特性をもつ。また、鉄の約3倍という高い熱伝導度をもつことから、冷暖房装置やエンジン部品などにも使われている。加工しやすく毒性がないのも大きな特性だ。

銅にはおよばないが電気をよく通し、軽量かつ低コストといメリットを活かして、高圧送電線の材料としても活躍する。

缶や1円玉など身近な存在

アルミニウムといえば、ジュースなどの容器として使われるアルミニウム缶や、料理で使うアルミ箔を思い浮かべる人も多いことだろう。最も身近な存在としては1円硬貨がある。1円硬貨は100％純アルミニウム製で、直径2cm、重さ1gなので覚えておこう。なお、1円硬貨1枚を製造するのに約2.5円かかるそうだ。近年のキャッシュレス化に伴い、今後1円玉を見る機会は減っていくかもしれない。

発見エピソード

1825年にデンマークのエルステッドが塩化アルミニウムとカリウムアマルガムの反応で単離に成功したが不純物が多かった。1827年にドイツのヴェーラーが改良し純粋な金属アルミニウムを得た。

DATA

		電子配置 [Ne]$3s^23p^1$
族	第13族	
分	金属・ホウ素族	
存	ボーキサイト、カオリン、長石など	
地	82000ppm	
原	26.981 5384	
色／形	銀白色／固体	
融／沸	660.323℃／2520℃	
密／電	2698.9kg/m³／2.75	
同	★^{26}Al、^{27}Al、★^{28}Al	

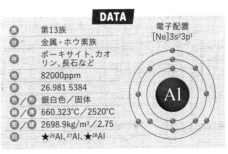

ガラスから半導体まで生活に密着

Silicon

ケイ素

**PCモニターも
ケイ素が不可欠**

ケイ素半導体を用い
た薄膜トランジスタ
が液晶ディスプレイ
に使われている

コップや陶器に

身近な存在であるガ
ラスは主にシリカ(二
酸化ケイ素、SiO₂)で
できている。ガラスは
二酸化ケイ素に炭酸
ナトリウム(Na₂CO₃)
などを混ぜて融かし
冷やして作る

半導体としても活躍

パソコンやスマートフォンに搭
載されているLSIなどの半導体
材料にケイ素が使われている

現代社会に不可欠な元素

　ケイ素は地球の地殻を作る物質の中で、酸素に次いで2番目に多い元素である。

　単体のケイ素（シリコン）は、金属と非金属の中間の性質を示す半金属で、半導体の代表的な材料となっている。半導体とは、条件によって電気を通したり、通さなかったりする物質のこと。この半導体としての性質を利用して開発されたのが、コンピューターの頭脳であるLSI（大規模集積回路）だ。LSIはパソコンからスマートフォン、自動車、家電製品に至るまであらゆるものに搭載されており、現代のIoT社会を支える重要な役割を担っている。もはや私たちの生活はケイ素なくしては成り立たないといえる。近年は再生可能エネルギーである太陽電池の半導体材料としても使われる。

太陽光パネルは
シリコン半導体でできている

シリコン半導体は、珪石を原料に作られている。まず、珪石から高純度シリコン（ケイ素）を作る。半導体を作る際には、一旦シリコンを融かし、単結晶のシリコンインゴットにする。その後、厚さ0.5〜1mmの薄さに切り分け磨き上げたウエハーと呼ばれる薄い板状の表面に、数多くの半導体を作り込んでいく。これを切り離してほかの部品と組み合わせたものがLSIやIC（集積回路）だ。また、近年普及が進んでいる太陽光パネルも多くがシリコン半導体でできている。太陽光パネルに光が当たると光エネルギーが電気エネルギーに変わるのだ。

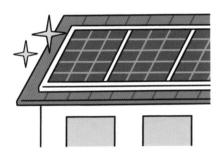

地殻の約90%を占める鉱物

単体のケイ素は硬くてもろく、単体としては自然界には存在しない。通常はケイ酸塩鉱物として存在している。ケイ酸塩鉱物は、地球の地殻を作る鉱物の約90%を占める鉱物で、岩石や砂の多くがケイ酸塩鉱物だ。名称が似たシリコーンは、有機高分子化合物のケイ素樹脂で、耐熱・撥水・電気絶縁性などに優れ電子部品やゴム成形品、化粧品など、多用されている。

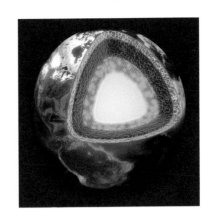

宝石や時計としても活躍

鉱物に含まれるのは、二酸化ケイ素、いわゆるシリカ（SiO_2）である。その結晶を石英という。石英の結晶の中でも透明度の高いものが水晶である。微量の不純物などの影響で色が変化し、アメジストなどの宝石は水晶に色がついたものだ。

水晶は薄膜にして電圧をかけると、非常に正確に振動する。クォーツ（水晶）時計はこの性質を利用している。ガラスの原料もシリカだ。

発見エピソード

1824年にスウェーデンのベルセリウスがフッ化ケイ素を金属カリウムで還元してケイ素の単離に成功。純粋なケイ素結晶は1854年にフランスの無機化学者ドービルが作ったとされる。

DATA

		電子配置
族	第14族	[Ne]$3s^2 3p^2$
分	半金属・炭素族	
存	石英、長石、水晶など	
地	277100ppm	
原	[28.084,28.086]	
色/形	暗灰色/固体	
融/沸	1412℃/3266℃	
密/硬	2330kg/m³/6.5	
同	²⁸Si、²⁹Si、³⁰Si、★³¹Si	

Phosphorus

リン

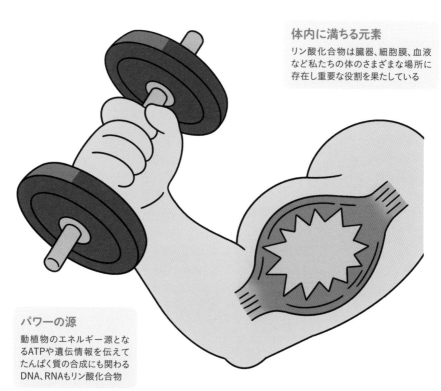

体内に満ちる元素

リン酸化合物は臓器、細胞膜、血液など私たちの体のさまざまな場所に存在し重要な役割を果たしている

パワーの源

動植物のエネルギー源となるATPや遺伝情報を伝えてたんぱく質の合成にも関わるDNA、RNAもリン酸化合物

生物にとって不可欠な元素

リンは生物にとって不可欠な非金属元素で、私たちの体のさまざまな化合物を構成している。例えば、リン酸カルシウム（$Ca_3(PO_4)_2$）として、骨や歯の主成分になっているほか、臓器、細胞膜、血液にも存在する。ATP（アデノシン三リン酸）は、3つのリン酸分子がつながった構造で、1分

子が切り離される際に多量のエネルギーが生まれる。動物はこれをエネルギー源として筋収縮を瞬時に行うことができる。

また、植物の「肥料の三大要素」は窒素、カリウム、そしてリン酸（P_2O_2）だ。なかでもリン酸は、開花や結実を促進し、根の成長や発芽、花芽のつきをよくする働きがある。そのため、リン酸肥料はトマトなどの野菜や観葉植物に必須の肥料とされている。

10種類の性質の異なる同素体が存在

リンには同素体が10種類あり、それぞれ色や性質が異なる。単体のリンは工業的には、電気炉でリン酸カルシウムから作られる。そのときにできるのが、同素体の1つの白リン（黄リン）だ。白リンはロウ状の固体で毒性が強く、皮膚に付着するとやけどなどを起こす。また、50℃以上で自然に発火するので、取り扱いには注意が必要だ。白リンを空気のない状態で250℃以上に加熱していくと赤リンに変化する。赤リンは毒性が弱く発火温度が260℃と高いため、マッチ箱の摩擦面に使われている。そのほか、黒色で半導体の性質をもつ黒リン、暗紫色で電気をあまり通さない紫リンなどもある。

日となっている。先述のように人間が生きていく上で必要不可欠な物質だが、人口増加による農業の拡大などの需要増を背景に、リン不足が懸念される。リンの原料となる白リンの生産国は中国、米国、カザフスタン、ベトナムで、リン鉱石鉱床は西サハラなどにある。2023年にはノルウェーの巨大鉱床が発見された。日本は多くを輸入に依存し、特にリン酸肥料は中国からの輸入に頼っており、供給リスクが危惧されている。

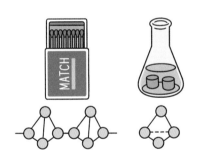

歯磨き粉にも添加

リン酸一水素カルシウム（CaHPO₄）は水に溶けず、歯を傷つけない適度な硬さをもつため、練り歯磨きの研磨成分となっている。特にリンを含む化合物であるヒドロキシアパタイト（英語読みはハイドロキシアパタイト）は、歯の象牙質と成分が同じであることから、歯を白くする材料として、歯磨き粉などに加えられている。

輸入に頼るリン酸肥料

厚生労働省の食事摂取基準によれば、リンの摂取量の中央値は957mg/

発見エピソード

1669年にブランドが尿を蒸発させた残留物を、空気を遮断した状態で加熱して分離。ブランドは、賢者の石を作り出そうとしていたドイツの錬金術師だ。

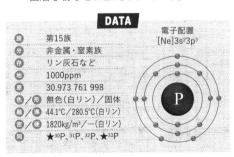

DATA

族	第15族
分	非金属・窒素族
存	リン灰石など
地	1000ppm
原	30.973 761 998
色／形	無色（白リン）／固体
融／沸	44.1℃／280.5℃（白リン）
密度	1820kg/m³／ー（白リン）
同	★³⁰P、³¹P、³²P、★³³P

電子配置
[Ne]3s²3p³

元素不足で海が砂漠化

日本を囲む海。その生態系にも元素が役立っている。海の生物たちの
循環サイクルや近年問題となっている「海の砂漠化」を学んでいこう。

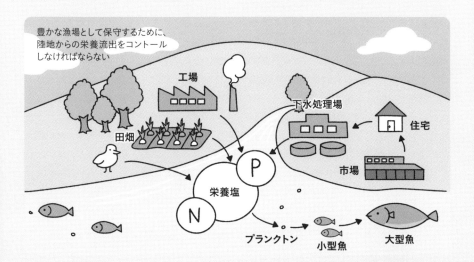

豊かな漁場として保守するために、
陸地からの栄養流出をコントロール
しなければならない

工場　田畑　下水処理場　住宅　市場　栄養塩　P　N　プランクトン　小型魚　大型魚

海を育むリンと窒素

　小さな生き物であるプランクトンを小魚
が食べ、それをさらに大きな魚が食べる。
その魚が、陸地の動物や人間の食物となる。
こうした食物連鎖の最初に位置するのが、
動物性プランクトンのエサとなる植物性プ
ランクトンだ。そして、植物性プランクト
ンの繁殖に欠かせないのが、栄養塩である
窒素、リン、ケイ素などの元素、さらに鉄、
亜鉛などの微量元素である。

　リンや窒素はカリウムとともに「肥料の
三大要素」と呼ばれ、植物性プランクトン
を育てている。これらの栄養塩は、山や森

林から河川を通して海へと注ぎ込まれる。
窒素などの起源は大気で、それが雨になっ
て陸地へともたらされる。このことから海
の豊かさは、空、陸地、海と植物、魚介類、
動物、人間のかかわる地球の大きな循環サ
イクルの1つであることがわかるだろう。

　こうした美しくて豊かな海を守るため、
例えば、兵庫県は海水1L当たり窒素
0.2mg以上、リン0.02mg以上を目標値と
するという条例を設けている。一方で、工
場や生活排水などから過剰に流入すると海
が栄養過多になり、プランクトンの大量発
生、いわゆる「赤潮」を引き起こす。その
ため、適度にバランスの取れた元素の供給
が海の環境を守るためには重要なのだ。

鉄不足が砂漠化の原因

多くの人が、海ならどこでも魚が泳ぎ回っていると思い込んでいるだろう。実は世界の海の90％には、魚はおろかプランクトンすら少ないという説もある。魚が多く生息するのは海藻がたくさん生えている場所だ。しかし、近年こうした場所の「海の砂漠化」が進んでいる。その理由の1つが鉄分の不足といわれる。

人間が鉄不足だと、貧血や免疫不全などの症状を引き起こす。これは栄養を体内に取り込む酵素を働かせるために鉄が触媒となるからだ。同様に海でも鉄が不足すると海藻や植物プランクトンが育たないので、魚や甲殻類などもいなくなってしまう。逆に鉄分が豊富で、コンブやワカメなどの海藻が生い茂る「藻場」と呼ばれる場所には、魚がたくさん集まる。

そして今、海の砂漠化の広がりが大きな問題となっている。島国である日本は、3万5000kmという長大な海岸線をもっているが、その約7分の1で「磯焼け」が発生しているともいわれる。「磯焼け」とは、沿岸の藻場がなくなったり、少なくなったりする現象で、海の植物がまったくない「海の砂漠化」の状態といえる。その原因として指摘されているのが、河川から海へと運ばれる鉄の減少だ。藻類に必要な海水中の鉄分は、河川の上流にある森で落ち葉が微生物に分解されできる腐植酸と腐植土の鉄イオンが結合した「腐植酸鉄（フルボ酸鉄ともいう）」だ。これが川を下り海に流れ込むことで、藻類の栄養となっていた。しかし、近年ダム建設や護岸工事、森林伐採などが原因で腐植酸鉄の供給が減少した結果、海の砂漠化が進んでしまった。

そこで、自治体や企業が連携し、各地で海に鉄分を補給するためにさまざまな施策を行っている。なかでも製鉄所で鉄を作る際に出てくる「鉄鋼スラグ」と堆肥を混ぜた袋や箱を海中に投じ、藻場の修復・造成を目指す試みが注目されている。

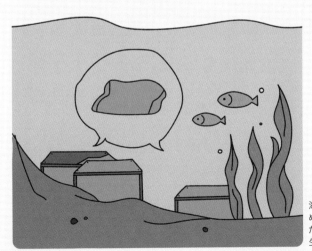

鉱石から鉄の金属を精錬する製造工程で生成される物で、特に鉄鋼製品の製造の副産物を「鉄鋼スラグ」という

海岸線に、鉄鋼スラグを詰めた袋や鉄製の箱を設置した人工の漁礁で海藻の再生を図っている

古代から知られていた黄色い元素

Sulfur

硫黄

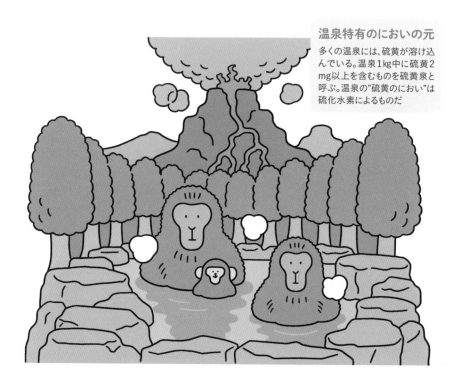

温泉特有のにおいの元

多くの温泉には、硫黄が溶け込んでいる。温泉1kg中に硫黄2mg以上を含むものを硫黄泉と呼ぶ。温泉の"硫黄のにおい"は硫化水素によるものだ

日本では硫黄泉でおなじみ

硫黄は常温で黄色い結晶となって安定する非金属元素だ。自然界においては、火山地帯などで単体や化合物として析出するため、古代から人類にその存在を知られていた。特に火山大国日本では、温泉を連想する人が多いことだろう。多くの温泉には硫黄が溶け込んでいる。温泉1kg中に総硫黄2mg以上を含むものを硫黄泉と呼ぶ。硫黄泉で見かける白や黄色の固形物は湯の花と呼ばれ、硫黄が主成分となっている。また、硫黄というと温泉地などで感じる卵の腐ったにおいを思い浮かべるが、実は硫黄そのものにはにおいはない。一般に硫黄臭と呼ばれるものは硫黄と水素が結合した硫化水素（H_2S）のにおいで、火山ガス災害の原因で毒性が強く高濃度になると危険だ。

タイヤや医薬品の製造にも

硫黄は工業的にも有用な元素である。例えば、生ゴムに硫黄を添加するとゴムの弾力性が増す。ゴムに強度を与える炭素とともに硫黄を添加して作られるのが自動車のゴムタイヤだ。

一方、硫黄化合物は無臭の都市ガスの着臭剤として利用されてきた。ガスににおいを付けることで、漏洩をいち早く察知し漏洩に伴う引火や爆発、中毒などの災害を防止しやすくなる。また、硫酸（H_2SO_4）は生産量が多い化学薬品といわれる。非常に強力な酸で、ほとんどの金属と反応するため、肥料や化学薬品、繊維などの製造に不可欠な存在となっている。

黄色いダイヤと呼ばれた硫黄

火山大国日本では、硫黄は火口付近で簡単に採掘、生産できることからかつてたくさんの硫黄鉱山が開発された。

その用途はマッチや火薬の原料だった。1950年代の朝鮮戦争では価格が高騰し、「黄色いダイヤ」と呼ばれた。しかし、その後、石油精製の副産物としての「回収硫黄」が多量に得られるようになると価格は下落し、硫黄鉱山は閉山に追い込まれた。工場や自動車の排ガスには二酸化硫黄（SO_2）があり、大気汚染や酸性雨の原因になる。

人体にとっても必須の元素

人体を構成するたんぱく質は、アミノ酸からできているが、なかでも硫黄を含むメチオニンやシステインなどを「含硫アミノ酸」という。メチオニンは、肝臓でアルコールを分解する際に必要とされている。システインは、皮膚や爪、毛髪などを作るたんぱく質のケラチンに多く含まれている。

発見エピソード

硫黄は自然界に単体で存在するため、古代から知られていた。元素として分類したのはフランスのラボアジェで1777年。日本語の元素名の由来は「ユノアワ」などの説がある。

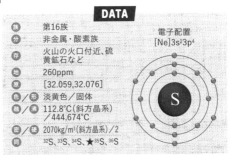

DATA

族　第16族
分　非金属・酸素族
存　火山の火口付近、硫黄鉱石など
地　260ppm
原　[32.059,32.076]
色／形　淡黄色／固体
融／沸　112.8℃(斜方晶系)／444.674℃
密　2070kg/m³(斜方晶系)／2
同　^{32}S, ^{33}S, ^{34}S, ★^{35}S, ^{36}S

電子配置 [Ne]$3s^23p^4$

毒性は強いが用途の広い元素

Chlorine

塩素

日本の安全な水を守る

日本の水道水は当初塩素ガスで消毒されていたが、現在は主に塩素化合物である次亜塩素酸ナトリウム（NaClO）などで消毒されている

水道水を殺菌

コレラなどの水系感染病を防ぐために、各家庭に塩素殺菌された水を供給することで近代水道が始まった

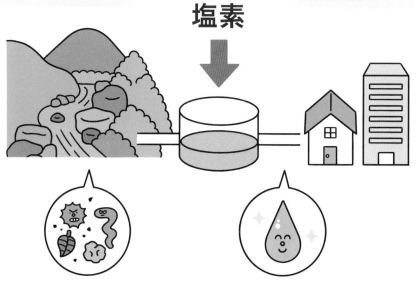

塩素

単体では毒性が強い

　単体の塩素は、常温では黄緑色の気体で存在する非金属元素だ。塩素の最も身近な例は塩化ナトリウム（NaCl）、つまり塩であり、天然では海水や岩塩に含まれている。

　一方、気体の塩素（塩素ガス）は自然界には存在しないため、塩化ナトリウムの電気分解によって作られる。塩素ガスは黄緑色で刺激臭があり、毒性が強く殺菌力がある。0.005％ほどの低濃度でも、鼻や肺などの粘膜と反応して、充血や呼吸困難などを引き起こす可能性がある。第一次世界大戦時には、塩素ガスが世界初の化学兵器（毒ガス）として使用された。

　現在は、塩素化合物の強い殺菌作用や漂白作用を利用して、水道水の殺菌剤や食器などの漂白剤として使われている。

食品用ラップや衣料品にも

　塩素はさまざまな有機物を生み出す。メタン（CH4）の水素原子を塩素原子1〜4個で置き換えると、塩化メチル（CH3Cl）、塩化メチレン（CH2Cl2）、クロロホルム（CHCl3）、四塩化炭素（CCl4）になる。これらは有機化合物の溶媒などとして使用されている。しかし、いずれも大量に吸入すると神経や細胞に障害をもたらす。

　また、プラスチック類の塩化ビニル樹脂（ポリ塩化ビニルからできている）は安価で製造できることから幅広い分野で使われている。食品用ラップには、ポリ塩化ビニリデンなどが使われている。

都市生活を可能にした塩素

　塩素が水と反応してできる次亜塩素酸（HClO）や、次亜塩素酸カルシウム（Ca(ClO)2）、次亜塩素酸ナトリウム（NaClO）といった化合物は漂白、殺

菌作用がある。そのため、水道水やプールの水の殺菌剤として使われてきた。

　日本の近代水道は、1887年に横浜でコレラなどの流行に対処するために整備されたのが始まり。その後、1957年に制定された法令により、蛇口で検出される塩素の濃度が定められている。

幅広い分野に利用される

　塩化水素（HCl）は常温常圧で無色の気体で、水溶液は塩酸という。塩酸は強酸の一種で、殺菌剤や漂白剤のほか、医薬品や農薬、化学薬品など幅広い分野で利用されている。また、塩酸は人間を含めほとんどの動物の胃酸の成分であり、食物と一緒に入ってきた細菌を殺したり、酵素による消化を助けたりする。一方、塩素系洗剤と酸性洗剤を混ぜると塩素ガスが発生し危険なため、「まぜるな危険」とされている。

発見エピソード

1774年、スウェーデンのシューレが二酸化マンガンに塩酸を加え塩素ガスを発生させることで発見した。元素として認識したのはイギリスの化学者デービーで1810年のこと。

DATA

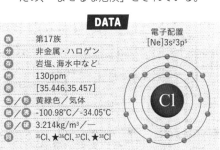

族	第17族	電子配置 [Ne]3s²3p⁵
分	非金属・ハロゲン	
存	岩塩、海水中など	
地	130ppm	
原	[35.446,35.457]	
色/形	黄緑色／気体	
融/沸	-100.98℃／-34.05℃	
密/硬	3.214kg/m³／―	
同	³⁵Cl、★³⁶Cl、³⁷Cl、★³⁸Cl	

Argon

アルゴン

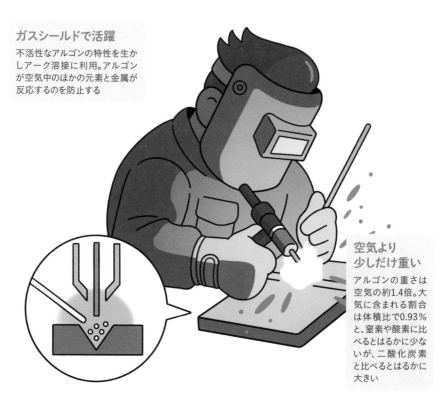

ガスシールドで活躍
不活性なアルゴンの特性を生かしアーク溶接に利用。アルゴンが空気中のほかの元素と金属が反応するのを防止する

第3周期

18
Ar

**空気より
少しだけ重い**
アルゴンの重さは空気の約1.4倍。大気に含まれる割合は体積比で0.93%と、窒素や酸素に比べるとはるかに少ないが、二酸化炭素と比べるとはるかに大きい

不活性を活かしたアーク溶接

　アルゴンは窒素、酸素に次いで地球の大気中に3番目に多く含まれる貴ガスで、無味無臭、無色で、常温で1原子分子の気体だ。反応性が極めて低いことからギリシャ語の「怠け者」から名付けられている。

　このようなアルゴンの特性を活かした用途として最も多いのは「アーク溶接」だ。

　アーク溶接とは、放電現象を利用して金属を接合する方法のこと。特にアルゴンを使う溶接は「TIG溶接」といわれ、アルゴンを吹き付けて溶接作業を行うことで、アルゴンがシールドガスとなり、空気中の酸素や窒素と溶接部分の金属が反応するのを防ぐことができる。その結果、溶接の強度を高めることができるのだ。また、火花が飛び散りづらいというメリットもある。

レーザーや蛍光灯に利用

アルゴンレーザーは外科手術などに使われている。また、アルゴンはガラス管に封入して電圧をかけると青白く発光する。ネオン管にアルゴンを少し混ぜると青紫色や緑色の光になる。

また、蛍光灯や白熱電球に使われてきた。蛍光灯では、水銀蒸気とともに封入され、放電の開始を助けたり、フィラメントの寿命を延ばす役割を担う。長期間使用することでガラス部が黒くなることを、ある程度防ぐともいわれる。近年はLEDの普及で、蛍光灯や白熱電球の需要は激減している。

ワインや食品の酸化防止に

欧米では、食品の酸化防止を目的に、容器の中にアルゴンガスを充てんしている場合がある。これは、アルゴンの不活性という特徴を活かした利用法で、その1つにワインの酸化防止が挙げられる。無味、無臭、無色のアルゴンガスを、飲み残しのワインのボトルの中に噴射し栓をすることで、ワインは酸素に触れずにすむため、味や風味を保てるというわけだ。日本では2019年にアルゴンガスが食品添加物に追加された。

アルゴンで省エネ

近年、省エネルギー効果のある「ペアガラス」が注目されている。ペアガラスとは、複数枚のガラスを重ねて、その間に乾燥空気などを入れた断熱性能の高いガラスのことだ。複層ガラスとも呼ばれる。なかでも、空気より熱伝導率が低いアルゴンガスを封入したペアガラスは、最も断熱性能が高いとされている。

発見エピソード

1892年、物理学者レイリーはアンモニア由来の窒素ガスよりも、空気由来の窒素ガスの方が重いことから、未知のガスが混入していると予想。2年後にラムゼーとともにアルゴンを発見し分離に成功した。

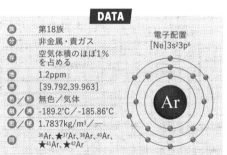

DATA

族	第18族
分	非金属・貴ガス
存	空気体積のほぼ1%を占める
地	1.2ppm
原	[39.792,39.963]
色／形	無色／気体
融／沸	-189.2℃／-185.86℃
密／硬	1.7837kg/m³／—
同	³⁶Ar、★³⁷Ar、³⁸Ar、⁴⁰Ar、★⁴¹Ar、★⁴²Ar

電子配置
[Ne]3s²3p⁶

Ar

体内で幅広く活躍する人体必須の元素

Potassium

カリウム

健やかな体作りに欠かせない

カリウムは人間にとって必須元素で、体内には約120〜200g含まれる。筋肉の収縮や神経の興奮性に関わる

摂取には具沢山お味噌汁

カリウムは特にほうれん草、イモ類、豆類などに多く含まれている。かつ塩分を排出するため、具沢山の味噌汁はバランスがよいといえる

カリウムは肥料の三大要素の1つ

　カリウムはナトリウムなどと同じアルカリ金属に分類される金属元素で、ナトリウムと似た性質をもつ。しかし、ナトリウムよりも反応性が高く、水に入れると水素ガスを発生して爆発的に反応する。空気中に放置すると自然発火することもあるため、石油などに浸して保存される。銀色の単体

のカリウムは金属の中ではリチウムの次に軽く、やわらかいため、ナイフで切れる。

　また、カリウムは、窒素、リン酸と並ぶ「肥料の三大要素」の1つで、塩化カリウム（KCl）はほとんどの場合、肥料として利用される。人体にとっても必須元素の1つで、動物の体内では、さまざまな器官の機能調整、体内の情報伝達、たんぱく質合成など生理的な活動全般に幅広く関わっている。

カリウムを含む食品は多い

カリウムは食物の中にも多く含まれているため、カリウム不足を心配する必要はあまりない。例えば、バナナはカリウムが豊富な食物の1つで、可食部100g当たり360mg含まれるとされる。摂取すると腸からすぐに吸収され、過剰分は腎臓で排出される。血液中のカリウムが少なくなると下痢や嘔吐、筋肉麻痺、呼吸障害、不整脈などの重篤な症状を引き起こす。逆に、過剰摂取すると腎臓が正常に機能しなくなり、高カリウム血症になり嘔吐や脱力感、不整脈などを発症する。

電気分解によって発見された金属

カリウムは電気分解によって単離された最初の金属だ。1807年に化学者のデービーが、水酸化カリウム（KOH）の電気分解によって単離に成功した。デービーは電気分解による新元素発見の先駆者であり、同年、ナトリウムも水酸化ナ

💡 発見エピソード

カリウムの化合物は古来より用いられていたが、1807年に水酸化カリウムを電気分解することで初めて金属カリウムが発見された。

トリウムの電気分解によって初めて単離に成功している。

同位体は岩石の年代測定にも

カリウムは工業でも幅広く活用されており、水酸化カリウム（KOH）は石鹸や洗浄剤の原料に、炭酸カリウム（K_2CO_3）は光学ガラスや蛍光灯の原料になる。硝石とも呼ばれる硝酸カリウム（KNO_3）は、火薬や花火に利用されてきた。過マンガン酸カリウム（$KMnO_4$）は酸化剤として金属表面処理などでも用いられる。また、自然界のカリウムの0.01%は放射性同位体であるカリウム40だ。体内の放射性物質に占める割合は多く、体重60kgの人でカリウム40による体内被ばく量は4000ベクレル（年にして0.18シーベルト）とされる。カリウム40は、崩壊してアルゴン40になることから岩石の年代測定にも使われている。

DATA

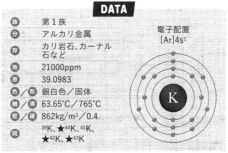

族／分	第1族
	アルカリ金属
存	カリ岩石、カーナル石など
地	21000ppm
原	39.0983
色／形	銀白色／固体
融／沸	63.65℃／765℃
密／硬	862kg/m³／0.4
同	^{39}K、★^{40}K、^{41}K、★^{42}K、★^{43}K

電子配置
[Ar]4s¹

骨や歯を作る金属元素

Ca

Calcium

カルシウム

人体を支えるカルシウム

人体にある各種ミネラルの中で最も多く、成人なら約1kg含まれている。そのほとんどがリン酸カルシウムとして骨や歯のエナメル質に含まれる

化石と骨は別物

古い地層の中から恐竜などの化石が発見されるが、これは骨が化石化したもの。化石化とは、骨を構成するカルシウムの化合物が骨の周囲の土砂や水に含まれる方解石や鉄、リン酸塩、二酸化ケイ素などに置き換わっていく反応だ

骨や歯を作るカルシウム

カルシウムは動物の骨や歯を構成する成分として知られる金属元素だ。単体の金属カルシウムは、電解法などで作られる。銀白色の結晶を作り、少しやわらかい。

一方、カルシウムは人体を構成する金属元素の中では飛びぬけて多く、そのほとんどは骨に含まれる。脊椎動物の骨や歯は、リン酸カルシウム（$Ca_3(PO_4)_2$）を基本成分とするヒドロキシアパタイト（ハイドロキシアパタイト、水酸化カルシウムとリン酸が反応）を主成分としている。

骨の形成以外に生体膜などにも存在する。筋肉の収縮はカルシウムによって制御されていることもわかっている。また、ストレスに対し、神経の感受性を鎮めるなどのホルモン分泌を調整する役割も担っている。

宇宙では急速に骨粗しょう症が進む

　骨粗しょう症とは代謝のバランスが崩れ、骨の量が減少しスカスカになる症状で、主に加齢やカルシウム、ビタミンDの摂取不足が原因で起こる。また、宇宙に滞在する宇宙飛行士も同様の症状に見舞われる。地上に比べ重力が少なく、骨組織への荷重負荷が減るため骨からカルシウムが放出され、何もしなければ急速に骨粗しょう症が進んでしまうのだ。そのため、宇宙では効果的なトレーニングや薬剤の摂取を行っている。

セメントや加熱剤など幅広く活用

　カルシウムはアルカリ土類金属で、酸化しやすく多くは化合物として産出する。よく知られる石灰は、炭酸カルシウム（$CaCO_3$）を主成分とする石灰石や、水酸化カルシウム（$Ca(OH)_2$）を主成分の消石灰などの総称だ。

発見エピソード

古代より炭酸カルシウムを焼いてできる石灰が単体と思われてきたが、1808年にデービーがナトリウム、カリウムに続き電気分解により金属カルシウムを単離させた。

　サンゴや貝類は、海水に溶けている炭酸水素カルシウム（$Ca(HCO_3)_2$）を取り入れ炭酸カルシウムの殻や骨格を作り、残骸が海底に堆積して石灰石になる。また、コンクリートの主な原料であるセメントも石灰石（や粘土、廃棄物）から作っている。
　石灰石を粉砕して強熱して作る生石灰は、酸化カルシウム（CaO）を主成分とし、水を加えると発熱するため、お弁当の加熱剤として利用されている。

脱炭素社会にも貢献

　カーボンニュートラルの実現に向け、二酸化炭素（CO_2）を回収・有効利用し、CO_2排出量を抑制する「カーボンリサイクル」が進められている。その一例はカーボンリサイクル・コンクリートだ。排気ガスなどから回収したCO_2を、炭酸カルシウムに変換して練り込むことで、コンクリート内部にCO_2を固定することができる。

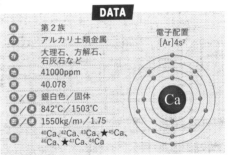

DATA		
族	第2族	電子配置 [Ar]4s²
分	アルカリ土類金属	
存	大理石、方解石、石灰石など	
地	41000ppm	
原	40.078	
色/形	銀白色／固体	
融/沸	842℃／1503℃	
密/重	1550kg/m³／1.75	
同	⁴⁰Ca、⁴²Ca、⁴³Ca、★⁴⁵Ca、⁴⁶Ca、★⁴⁷Ca、⁴⁸Ca	

夜間照明などに使われてきた元素

Sc

Scandium

スカンジウム

自然の太陽光に近い光を出す
メタルハライドランプはスカンジウムランプの一種で、太陽光に近い明るい光を出す

存在量が少なく最も軽いレアアース

スカンジウムは1869年にメンデレーエフが元素周期表を提案したとき、存在を予言した元素の1つで、最も軽いレアアースだ。単体のスカンジウムは、銀白色のやわらかい金属で、化学的性質はアルミニウムに似ているが、まとまって存在しないため精製・生産が難しい。存在量は金や銀より

も多いといわれており鉱物中に多く含まれている。しかし、ほとんどが濃度1％以下のため、用途開発はあまり進んでおらず、取引量は非常に少なく取引額は高額だ。

水銀ランプにヨウ化スカンジウム (ScI_3) を加えたメタルハライドランプは太陽光に近い光を発するため、サッカーや野球などの屋外競技場のナイター照明や大型商業施設に導入されてきた。

アルミニウム合金に利用

　スカンジウムの用途で近年注目されているのが、アルミニウム合金の添加剤だ。スカンジウムを0.1〜0.5％程度加えることで、アルミニウム合金の強度や耐食性が増す。この合金は高機能材料として、航空機の部品や自転車のフレーム、野球の金属バットなど高級なスポーツ用品などに使われている。また、軽さと強さが必要な軽量テントのフレームなどにも使われている。

漁船の漁火など夜間照明として活躍

　スカンジウムを使用したランプは、発光管の材質との組み合わせによって、発光効率や光の色、寿命などが異なるため、目的に応じて、色々なランプが開発されてきた。特に、メタルハライド灯は明るさが強いことから、蛍光水銀ランプに替わり、イカ釣りなどの漁船の漁火としても長く利用されてきた。しかし最近は、電力コストなどの観点から、より低消費電力のLEDライトへの変更が進んでいる。

燃料電池への利用も

　近年、クリーンな発電システムである固体酸化物燃料電池の電解質への応用も進められている。固体電解質に酸化スカンジウム（Sc_2O_3）を添加することで、発電効率がぐっと上がり、従来に比べてかなり低い温度で稼働できるようになった。その結果、耐熱材料も不要になり、低コスト化が期待されている。しかし、前述のように、スカンジウムはまとまって産出されず、産出場所も中国やロシアと限られる。そこでオーストラリアでの鉱山開発が期待されている。また、希少金属を温泉水から補集し資源化を目指す研究で、草津温泉では回収実証試験なども行われている。

発見エピソード

周期表の提案者メンデレーエフが存在を予言した「エカホウ素」を1879年に、ガドリン石を研究していた分析学者ニルソンが発見し、スカンジウムと命名した。

DATA

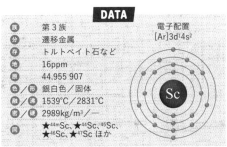

族	第3族	電子配置 [Ar]3d¹4s²
分	遷移金属	
存	トルトベイト石など	
地	16ppm	
原	44.955 907	
色/形	銀白色／固体	
融/沸	1539℃／2831℃	
密/	2989kg/m³／—	
同	★⁴⁴ᵐSc、★⁴⁴Sc、⁴⁵Sc、★⁴⁶Sc、★⁴⁷Sc ほか	

乗り物になり、人にやさしく、清潔さも守る

Titanium

チタン

光に触れることで活躍

酸化チタン(TiO_2)は光触媒として広く普及。建造物のガラスや天井、トイレの便器などにコーティングされており、汚れや黄ばみの分解・洗浄に役立てられている

チタンは強くて軽くさびにくいという特徴をもつ。塩酸や硫酸にも強く、融点も高く耐熱性にも優れ、比較的加工もしやすい。かつ、汗や皮膚に触れても反応しにくく金属アレルギーを起こしにくいため、肌に直接つける製品、人工関節、歯科治療用のインプラントなどに多用されている。また、チタン合金はアルミニウムのように軽く、飛行機やロケット、自動車のエンジン部品などに多用されている。

酸化チタン（TiO_2）は、光のエネルギーで化学反応を促進する光触媒の代表的存在だ。酸化還元反応を促進することで細菌の分解ができ、水回りを清潔に保つことに利用される。また、光が当たると表面が濡れやすくなる性質から、ヒートアイランド対策でビル外壁にも応用される。

💡 発見エピソード

1791年にイギリスのグレゴールが未知の酸化物として酸化チタンを発見。1795年にドイツのクラプロートも酸化物を発見しチタンと名付けた。

DATA

族	第4族
分	遷移金属
存	チタン鉄鉱、金紅石など
地	5600ppm
原	47.867
色/形	銀白色／固体
融/沸	1666℃／3289℃
密/硬	4540kg/m³／6
同	★⁴⁴Ti、★⁴⁵Ti、⁴⁶Ti、⁴⁷Ti、⁴⁸Ti、⁴⁹Tiなど

電子配置　[Ar]3d²4s²

加工のしやすさと将来性に期待

Vanadium

バナジウム

バナジウムは単体は銀白色をしていて、腐食や摩耗、熱に強い金属で、やわらかく、加工もしやすい。鉄鋼にバナジウムを加えたバナジウム鋼は鉄鋼に比べ硬度、耐摩耗性、耐食性、耐熱性に優れることから、原子炉やターボエンジンのタービンなど高温環境で利用されている。また、バナジウムとチタンの合金は軽量かつ強く、耐食性に優れるため、航空機材料として欠かすことができない。バナジウムが、強酸に溶けることで、さまざまな電荷（酸化数）をとる特性を利用し、大容量蓄電池（レドックスフロー電池）も開発された。

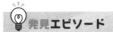

発見エピソード

1830年にスウェーデンのセフストレームが発見しバナジウムと命名。1865年にイギリスのロスコーにより金属バナジウムが単離された。

身の回りの物では、ステンレス鋼にモリブデンと合わせて添加された包丁が挙げられる。バナジウムは産出国が限られることもあり、近年非常に高騰している。

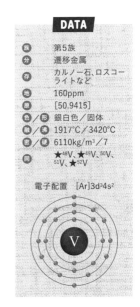

DATA

族	第5族
分	遷移金属
存	カルノー石、ロスコーライトなど
地	160ppm
原	[50.9415]
色／形	銀白色／固体
融／沸	1917℃／3420℃
密／硬	6110kg/m³／7
同	★48V、★49V、50V、51V、★52V

電子配置　[Ar]3d³4s²

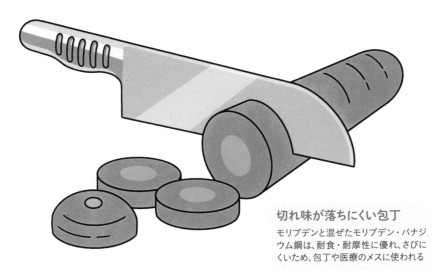

切れ味が落ちにくい包丁

モリブデンと混ぜたモリブデン・バナジウム鋼は、耐食・耐摩性に優れ、さびにくいため、包丁や医療のメスに使われる

Chromium

クロム

第4周期

24
Cr

キッチンや水回りで活躍

クロムと鉄の合金でできたステンレス鋼はさびにくいため、ステンレス鍋などとして使われている

さびから金属を守るバリア

クロムは酸素と結び付き、ステンレス鋼の表面に酸化皮膜を作る。この皮膜が酸素や水による腐食を防ぐ

クロムの酸化皮膜が合金を守る

クロムは銀白色の金属だ。クロムと鉄の合金はステンレス鋼と呼ばれ、水道水の蛇口や鍋などの台所用品にも多く使われている。クロムと鉄に、さらにニッケルを加えたニッケル・ステンレス鋼や、マンガンを加えたマンガン・ステンレス鋼も一般にステンレス鋼と呼ばれる。

ステンレスとは、「ステイン（さび）がない」という意味で、腐食に強くさびにくいのが特徴だ。ステンレス鋼がさびにくいのは、実はすでに表面がさびているから。さびとは、酸素と金属が結合してできる化合物（酸化物）であり、クロムは酸素と結合して、ステンレス鋼の表面に非常に薄くて緻密な強い酸化皮膜を作る。この皮膜が酸素や水の腐食を防ぐため、さびないのだ。

クロムメッキは自動車のバンパーなどに応用

　海外製や高級な自動車は、メーカーロゴやホイール、ドアの取っ手がピカッと輝き美しい光沢をもつ。これはクロムメッキを施してあるためだ。摩擦やさびに強いクロムメッキはステンレス鋼同様、クロムが大気中の酸素と結合して酸化皮膜を作る性質を利用している。両者の違いは、ステンレス鋼が鉄にクロムを混ぜることで表面に酸化皮膜を形成しているのに対し、クロムメッキは対象物の表面を薄いクロムの膜で覆っていることだ。美観性に優れることから自動車の外観部品のほか、家庭器具などに使われている。

3価クロムは人体に必須

　クロムの化合物には、不安定な2価クロムや安定した状態の3価クロム、6価クロムがある。自然界にはほとんど3価クロムで存在し、人体の必須元素の

1つのミネラルに分類される。レバーやアサリ、ひじきなどに多く含まれる。

　6価クロムは電子を6つ失った状態で、酸化力が強く毒性が強い。クロムメッキには6価クロムが使われていたが、今は環境を考慮した3価クロムの使用も増えている。

テルミット法で製造

　3価クロムの化合物である酸化クロム（Cr_2O_3）を含む天然鉱石はクロム鉄鉱だ。金属クロムを初めて得たのは、アルミニウムの粉末を利用した還元法の「テルミット法（ゴルトシュミット法）」を開発したドイツのゴルトシュミットだ。酸化クロムをアルミニウムで還元して、大量の金属クロムを製造することに成功した。

発見エピソード

1797年、フランスのボークランが紅鉛鉱より酸化クロムを発見。1899年にドイツのゴルトシュミットがアルミニウム還元法を開発し金属クロムが得られるようになった。

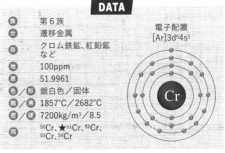

DATA

族	第6族
分	遷移金属
存	クロム鉄鉱、紅鉛鉱など
地	100ppm
原	51.9961
色／形	銀白色／固体
融／沸	1857℃／2682℃
密／比	7200kg/m³／8.5
同	^{50}Cr、★^{51}Cr、^{52}Cr、^{53}Cr、^{54}Cr

電子配置
[Ar]3d⁵4s¹

Cr

マンガン

Manganese

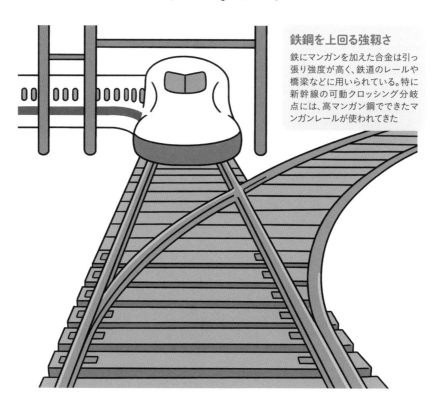

鉄鋼を上回る強靭さ

鉄にマンガンを加えた合金は引っ張り強度が高く、鉄道のレールや橋梁などに用いられている。特に新幹線の可動クロッシング分岐点には、高マンガン鋼でできたマンガンレールが使われてきた

第4周期

25
Mn

鉄道のレールや乾電池に利用

　マンガンは銀白色の金属で、鉄よりも硬いが非常にもろい。そのため、単体で使われることはほとんどなく、合金として使われてきた。例えば、鉄にマンガンを加えた高マンガン鋼は、鉄鋼に比べて引っ張り強度が高いため、鉄道のレールや橋梁、土木機械などに用いられている。また、銅や亜鉛、マンガンから作られるマンガン青銅は、引っ張り強度に加え、耐食性も高いため、蒸気タービンの羽根や船舶用スクリューに用いられている。

　そのほかの用途としては乾電池がある。マンガン乾電池とアルカリ乾電池のプラス極にはいずれも二酸化マンガン（MnO_2）が使われている。現在のような乾電池は、1888年にドイツのガスナーが発明した。

日本の海底に眠る マンガン団塊

高純度の金属マンガンはマンガン鉱をアルミニウムで還元することで得られる。日本にも小規模なマンガン鉱山が複数あったが、現在は全て輸入に頼っている。一方、日本周辺、太平洋の深海底にはマンガン酸化物を主成分にした鉄マンガンクラストやマンガン、ニッケル、コバルト、銅などが球状に固まった「マンガン団塊（マンガンノジュール）」などの海洋鉱物資源が豊富にあることがわかってきた。日本はハワイ沖の海域で、国際海底機構（ISA）の契約の下、探査を行うなど、将来の海洋鉱物資源の活用に向け取り組み中だ。

は不安定で、放っておくと分解して酸素をゆっくり放出する。これに化学反応を助ける触媒の機能をもつ二酸化マンガンを加えることで、急速に酸素を放出するのだ。また、水を電気分解し続ける触媒として、インジウムなど希少金属ではなく酸化マンガン（MnO_2）を用いる研究も行われている。

酸素を発生させるマンガン触媒

マンガンといえば、過酸化水素水から酸素を作る実験で用いられる二酸化マンガンがおなじみだ。過酸化水素水

殺菌剤や消臭剤にも

7価のマンガン化合物として過マンガン酸カリウム（$KMnO_4$）がよく知られている。これは赤紫色の結晶で、強力な酸化剤として働くため、有機化学や無機化学の分野でよく使われる。この性質を利用して、殺菌剤や消臭剤、漂白剤などにも用いられている。また、バナナの熟成を進行させるエチレン（C_2H_4）を酸化して分解するため、バナナの長期保存にも使われる。

発見エピソード

1774年にスウェーデンのシューレが発見したが取り出すことはできず、同年友人のガーンがシューレから受け取った軟マンガン鉱を木炭と強く熱することで単離に成功した。

DATA

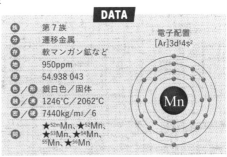

族	第7族	電子配置
分	遷移金属	[Ar]$3d^54s^2$
存	軟マンガン鉱など	
地	950ppm	
原	54.938 043	
色／形	銀白色／固体	
融／沸	1246℃／2062℃	
密／硬	7440kg/m³／6	
同	★^{52m}Mn、★^{52}Mn、★^{53}Mn、★^{54}Mn、^{55}Mn、★^{56}Mn	

文明を支える地球で最も多く存在する元素

Fe

Iron

鉄

現代文明には鉄が欠かせない

鉄は自動車の車体や船舶の船体、建造物の鉄骨や鉄筋、電車の線路などに使われ、私たちの生活に必須の金属

鉄鋼の需要は増加

世界中で生産される金属の約95%は鉄が占め、2022年の鉄鋼需要は18億tにおよぶ。鉄鉱石から鉄を取り出すための製鉄方法では、コークス（石炭を蒸し焼き）の代わりに水素を使う技術の研究が進められている

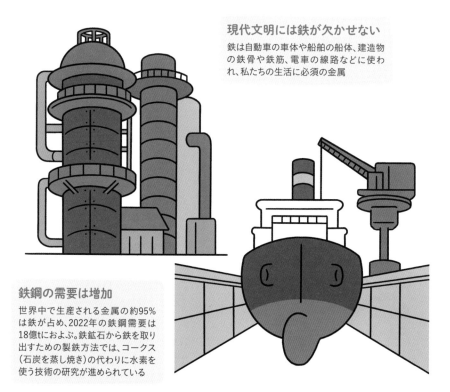

生活を支え続けてきた鉄

　鉄は太古の昔から私たちの生活を支えてきた最も中心的な金属元素だ。鉄は強くて加工しやすいうえ、原料となる鉄鉱石が豊富で製造コストが安い。そのため、船舶の船体や電車の線路などさまざまな用途に使われてきた。鉄は地殻では鉄鉱石として存在する。純粋な鉄は銀白色をしている。し

かし、非常にさびやすいため、自然の状態で金属鉄が見つかるのは稀だ。

　人類が金属鉄を知ったのは、鉄隕石が最初と考えられている。鉄製造の歴史は諸説あるが、紀元前1000年頃から鉄器の生産が広がり、日本では弥生時代から古墳時代に普及したと考えられている。その後、製鉄技術の発展とともに、鉄の使用量は急増していった。

地球は鉄に守られている

鉄は地殻の中で4番目に多いが、地球の中心部であるコア（核）はほとんどが鉄（とニッケル）だと考えられているため、地球全体では鉄が最も多い元素だといえよう。

コアは内核と外核に分れているが、外核では鉄は溶融状態にあり流体で存在しているようだ。さらに鉄は電気を通しやすい性質ももつ。この2つの性質が、地球の磁場を生成している。地磁気は宇宙空間に広がり、太陽から届く高エネルギー粒子の流れである太陽風から地球を守るバリアの役割を果たしている。私たちが地球上に存在できているのは、鉄のおかげといえるだろう。

体内では酸素を運搬

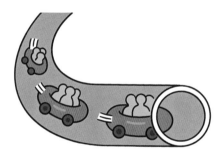

鉄は人体にとっても欠かせない。なかでも重要な働きは酸素の運搬だ。体内に存在する鉄3〜5gの約65％が赤血球のヘモグロビンに使われている。残りの鉄の大半は脊髄、肝臓、脾臓に貯蓄される。ヘモグロビンの鉄が酸素と結合したり離れたりすることで、体内の細胞に酸素を送っている。赤血球が赤いのは、ヘモグロビンが赤いからだ。人間は食べ物を通して鉄を吸収するが、不足すると赤血球を生産できず貧血に陥る。

用途に応じさまざまな合金が存在

鉄の合金は炭素の含有量によって呼び名が変わる。炭素が0.02％以下のものは純鉄、0.02〜2％のものは鋼（はがね）、2〜4.5％のものは鋳鉄、3％以上で鉄鉱石から直接製造された鉄は銑鉄（せんてつ）と呼ばれる。また、鋼は成分によって、炭素鋼、合金鋼、ニッケルクロム鋼などがある。クロムと鉄の合金はステンレス鋼と呼ばれる。

発見エピソード

発見者は不明。自然状態で金属鉄が発見されることは稀なため、古代の人たちは隕鉄や偶然に鉄鉱石が火で変化した状態から鉄の存在を知ったと考えられる。

DATA

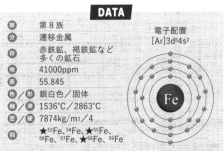

		電子配置
族	第8族	
分	遷移金属	[Ar]3d⁶4s²
存	赤鉄鉱、褐鉄鉱など多くの鉱石	
地	41000ppm	
原	55.845	
色／形	銀白色／固体	
融／沸	1536℃／2863℃	
密／硬	7874kg/m³／4	
同	★⁵²Fe、⁵⁴Fe、★⁵⁵Fe、⁵⁶Fe、⁵⁷Fe、★⁵⁸Fe、⁵⁹Fe	

Co

27 | Co

Cobalt

コバルト

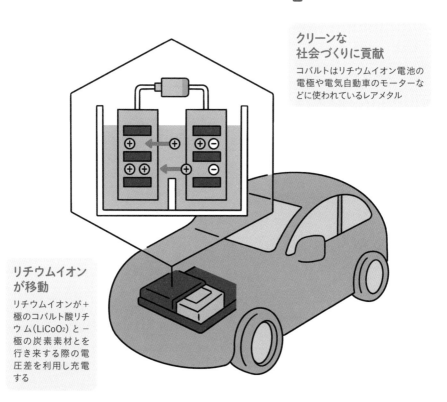

**クリーンな
社会づくりに貢献**

コバルトはリチウムイオン電池の
電極や電気自動車のモーターな
どに使われているレアメタル

**リチウムイオン
が移動**

リチウムイオンが＋
極のコバルト酸リチ
ウム（$LiCoO_2$）と－
極の炭素素材とを
行き来する際の電
圧差を利用し充電
する

脱炭素社会に不可欠な元素

コバルトは希少なレアメタルで、リチウ
ムイオン電池の電極にも使われる重要な元
素だ。また、鉄やニッケルと同じ強磁性を
示すため、永久磁石にも使われている。永
久磁石は、電気自動車をはじめ、さまざま
な電子機器に不可欠だ。したがって、脱炭
素社会の実現に向け、ますます需要が高ま

っている元素の１つといえる。

純粋なコバルトは銀白色をした金属だが、
単体で利用されることは少ない。用途に応
じて、さまざまな金属と組み合わせ、合金
として利用している。コバルトにニッケル
やクロム、モリブデンなどを加えたコバル
ト合金は高温でも強度を保ち、摩耗や腐食
に強いことから、航空機やガスタービン、
溶鉱炉などに用いられている。

多種多様なコバルト合金

コバルトは磁石に欠かせない元素だ。鉄、アルミニウム、ニッケルとの合金である「アルニコ磁石」、鉄の酸化物を主成としコバルトなどを混ぜた「フェライト磁石」、サマリウムと混ぜた「サマリウム・コバルト磁石」など、さまざまな磁石に使われる。電動エアガンのモーターにも使われたサマリウム・コバルト磁石は、ネオジム磁石と比べて磁力は少し落ちるが、高温に強い性質があり耐熱性を要するところで使われる。

コバルトと鉄の合金は、ハードディスクドライブの磁気ヘッドに、コバルトとクロムやモリブデンなどを混ぜたバイタリウムという合金は、歯科や外科の材料として重宝されるなどコバルト合金の応用先は広い。

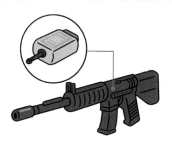

青色の着色剤にも

コバルトブルーという言葉があるように、コバルト化合物は多くが青色をしている。そのため、ガラスや陶器を青く色づける着色剤に使われてきた。一方、塩

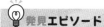

化コバルト（$CoCl_2$）の結晶は水分子を吸収すると青色からピンク色に変化することから、乾燥剤のシリカゲルに混ぜて、効果を知る目印にされている。

日本の海底に眠る 鉱物資源に期待

コバルトは、半分以上がリチウムイオン電池に使われるといわれる。しかし、希少なレアメタルであり生産国が限られる。現在、世界におけるコバルト鉱石の生産の約60％を政情不安なコンゴ民主共和国が占めている。そのため、コバルトを使わない電池の開発が進められるほか、日本ではコバルト確保のためのさまざまなアプローチを行っている。

そんななか、日本近海の海底にはコバルトを多く含む「コバルトリッチクラスト」と呼ばれる鉱物資源が眠っていることが判明し、2020年には世界で初めて掘削試験に成功している。

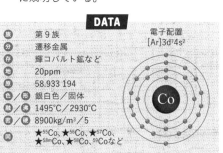

DATA

		電子配置 [Ar]3d⁷4s²
族	第9族	
分	遷移金属	
存	輝コバルト鉱など	
地	20ppm	
原	58.933 194	
色/形	銀白色/固体	
融/沸	1495℃/2930℃	
密/硬	8900kg/m³/5	
同	★⁵⁵Co、★⁵⁶Co、★⁵⁷Co、★⁵⁸ᵐCo、★⁵⁸Co、⁵⁹Coなど	

硬貨でおなじみ、電池にも使用

Nickel

ニッケル

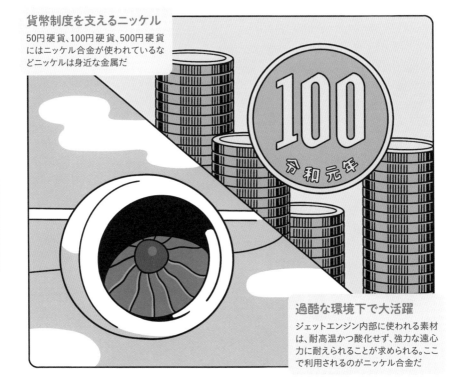

貨幣制度を支えるニッケル
50円硬貨、100円硬貨、500円硬貨にはニッケル合金が使われているなどニッケルは身近な金属だ

過酷な環境下で大活躍
ジェットエンジン内部に使われる素材は、耐高温かつ酸化せず、強力な遠心力に耐えられることが求められる。ここで利用されるのがニッケル合金だ

さまざまなニッケル合金が開発

　ニッケルはレアメタルの一種で主な生産国はインドネシアだ。ニッケル単体は光沢をもった銀白色で、引き延ばしたり薄くしたりと加工がしやすく、腐食にも強く、メッキ材として利用される。近年は電気自動車に搭載するリチウムイオン電池の正極に使われていることから、需要が拡大している。

　合金の材料としても一般的で、ニッケルとクロムや鉄を混ぜたステンレス鋼、ニッケルと銅を混ぜた白銅など、さまざまな合金が作られている。ニッケルとチタンの合金は、形状記憶合金として人工衛星の太陽光パネルのバネ部などに用いられている。また、ニッケルと鉄の合金は医療用MRI（磁気共鳴画像）装置の磁気シールドなどに使われている。

第4周期

28

Ni

28 | Ni

巨大な隕石は鉄とニッケルの合金

隕石のうち、鉄とニッケルの合金を主体とするものを隕鉄（鉄隕石）という。ニッケルやガリウム、イリジウムなどの含有量によりいくつかのグループに分けられ、ニッケルの含有量によっても分類が変わる。これは隕鉄が天体で溶融する際、さまざまな過程を経て金属鉄成分が沈降し集積したためと考えられる。

地球上では、風化に強いことから、古いものも比較的よい状態で発見される。

これまで発見された中で最大の隕石であるナミビアのホバ隕石をはじめ、最大級の隕石はどれも隕鉄だ。

電池材料として需要が拡大

ニッケルは電池材料としても使われてきた。以前はニッケルとカドミウムを使ったニッカド蓄電池が広く使われ

ていた。しかし、1990年以降はその2.5倍の電気容量をもち、かつ安全性と性能を兼ね備えたニッケル水素蓄電池が登場。充電し繰り返し使えるため経済的にもメリットがあり普及が進んだ。近年はより小型かつ大容量化したリチウムイオン電池への置き換わりが進んでいる。

「悪魔の銅」が元素名の由来

ニッケルという元素名の由来はドイツ語の「kupfernickel（クッフェルニッケル、悪魔の銅）」。ニッケルの鉱石には銅鉱石に似た赤い色をしたものがある。銅を含んでいないとは知らずに精錬し、銅が得られないのは悪魔の仕業と考え、こう呼ばれるようになった。悪魔の正体が判明したのは1751年のことだ。

発見エピソード

ニッケルは銅やコバルトと性質が似ているため、なかなか単独元素と確認されなかった。しかし、1751年にスウェーデンのクローンステッドが単離に成功した。

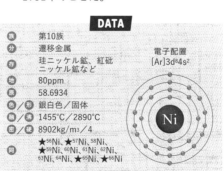

DATA

族	第10族	
分	遷移金属	
存	珪ニッケル鉱、紅砒ニッケル鉱など	電子配置
地	80ppm	[Ar]3d⁸4s²
原	58.6934	
色/形	銀白色／固体	
融/沸	1455℃／2890℃	
密/硬	8902kg/m³／4	
同	★⁵⁶Ni、★⁵⁷Ni、⁵⁸Ni、★⁵⁹Ni、⁶⁰Ni、⁶¹Ni、⁶²Ni、⁶³Ni、⁶⁴Ni、★⁶⁵Ni、★⁶⁶Ni	

電子配置 [Ar]3d^{8}4s^2

人類が最初に使用したとされる金属

Cu

Copper

銅

モニュメント作りに欠かせない銅

アメリカの自由の女神、考える人などは青銅で作られている。日本の大仏も同様で、実寸サイズの鋳型を作り、上部に置いた溶鉱炉から青銅を流し込み作られている

わびさびを感じる青緑色

銅像は最初は赤がね色だが、時間とともに酸化し、緑青色のさびに覆われため、青緑色になる

奈良や鎌倉の大仏も青銅製

銅は人類が最初に利用した金属元素だ。人類と銅の関わりは古く、紀元前3000年頃には銅鉱石から製錬され取り出され利用されていた。銅にスズを加えた青銅は強くて加工しやすく、刀や鐘などに用いられた。

奈良や鎌倉の大仏、アメリカの自由の女神なども青銅で作られている。元来は純銅に近い赤がね色をしていたのだが、時間とともに表面が酸化していく。これが青銅といわれる由縁であり、私たちが目にする大仏や自由の女神が青緑色なのは、緑青と呼ばれるさびに覆われているためだ。

電線や半導体の配線にも

銅は、黄銅鉱（$CuFeS_2$）や輝銅鉱（Cu_2S）、赤銅鉱（Cu_2O）などの形で世界の色々な場所で産出している。

電気伝導性に優れ、銀に次いで電気を通しやすく価格は銀よりも安い。そのため、電線や半導体の配線に銅線が使われている。

また、銅の酸化物を含む化合物は、高温超伝導の材料として有望視されて

いる。超伝導を起こすにはマイナス253℃より低い温度にする必要があると思われていた。しかし、銅酸化物系超伝導体はそれよりも高い温度で超伝導を起こすことがわかり、研究開発が進められている。

熱伝導性が高く調理器具に

銅は熱伝導性が高いので、食器や調理器具としても利用されている。銅製の鍋やフライパンは、炎が当たっている部分だけでなく全体的に一様に熱が伝わりやすいため、焦げにくい。銅製の容器に入ったアイスコーヒーが美味しいのも、熱伝導性が高く冷たさをより感じられるためだ。

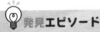 発見エピソード

発見者は不明だが、紀元前8800年頃に天然の銅で作られたビーズが北イラクで発見されている。銅鉱石の製錬が始まったのは紀元前3000年頃のアラビア半島とされている。

DATA

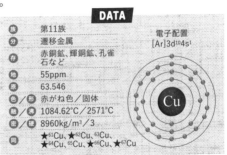

族	第11族
分	遷移金属
存	赤銅鉱、輝銅鉱、孔雀石など
地	55ppm
原	63.546
色／形	赤がね色／固体
融／沸	1084.62℃／2571℃
密／3	8960kg/m³／3
同	★^{61}Cu、★^{62}Cu、^{63}Cu、★^{64}Cu、^{65}Cu、★^{66}Cu、★^{67}Cu

電子配置
[Ar]3d^{10}4s^1

人体にも生活にも欠かせない元素

Zinc

亜鉛

亜鉛は食品から摂取

亜鉛は1日10mgほどの摂取が必要とされる。牡蠣や豚レバー、ゴマ、ヒジキ、豆腐などに多く含まれる

味覚は亜鉛が あってこそ感じる

味覚センサーである味細胞は、約1カ月ごとに新陳代謝する。この味細胞の再生には亜鉛が必須であり、不足すると味覚障害の原因となる

第4周期

30
Zn

生命維持に必須の金属元素

　亜鉛は青白色の金属だ。亜鉛という和名は、色と形が鉛に似ていたことからきている。しかし、有毒な鉛とは異なり、亜鉛は必須元素の1つだ。体内に含まれている金属元素の中では、鉄に次ぎ6番目に多い。体内の300種類以上の酵素に含まれており、細胞分裂や成長ホルモンの分泌、神経系統への関与などさまざまな役割を担っている。亜鉛の1日の必要量は約10mgだが、不足がちになる金属であることから、亜鉛のサプリメントなどが市販されている。

　亜鉛が不足すると新陳代謝が衰え、傷が治りにくくなったり、味覚障害を起こしたり、貧血になりやすくなる。摂りすぎると、めまいなどを起こしたり、鉄や銅などほかの必須元素の吸収を妨げてしまう。

亜鉛と銅の合金は楽器や硬貨に

亜鉛と銅を混ぜた合金は黄銅または真鍮と呼ばれる。銅60％、亜鉛40％の黄銅は硬く、銅70％、亜鉛30％の黄銅はやわらかい。黄銅は金色でさびにくく美しい光沢をもつ。強く加工もしやすいことから、金の代用品としても利用されてきた。例えば、ブラスバンド（ブラスは黄銅のこと）で有名なトランペットやホルンなどの金管楽器や、身近なところでは5円硬貨にも使われている。

一方、酸化亜鉛（ZnO）には殺菌作用があり薬剤の軟膏として利用されているほか、窒化ガリウム（GaN）に代わる次世代青色LED（発光ダイオード）の材料としても期待されている。

鉄の犠牲になって腐食

亜鉛の金属としての大きな特徴は、鉄よりもさびやすいことだ。この性質を利用しているのが、トタン屋根やトタンバケツだ。トタンとは、鉄を亜鉛でメッキしたものだ。亜鉛は鉄よりもイオン化

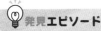

発見エピソード

亜鉛化合物は太古の昔から知られていたものの単体が得られたのは18世紀のことだ。1746年にドイツのマルクグラフが閃亜鉛鉱（ZnS）から単離する方法を発見した。

傾向が大きいため、仮にトタンに傷がついて水が触れると、鉄の代わりに亜鉛が溶け出す。このように、鉄よりも亜鉛の方が先にさびることで、鉄の腐食を遅らせているのだ。このような亜鉛の役割を「犠牲腐食」と呼ぶ。

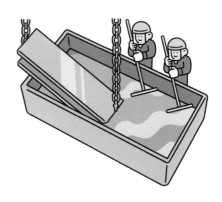

乾電池の極で活躍

亜鉛は、電子を放出するイオン化傾向が大きいため、電池の極に使われる。マンガン乾電池ではフィラメント状で、アルカリ乾電池では粉末状で、それぞれ使われている。粉末状のほうが、亜鉛が多く触れるため電流が多くなり容量も大きい。そのため、アルカリ乾電池のほうがパワーが大きいのだ。

DATA

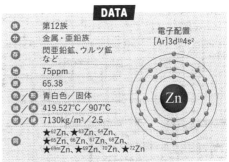

		電子配置
族	第12族	[Ar]3d¹⁰4s²
分	金属・亜鉛族	
存	閃亜鉛鉱、ウルツ鉱など	
地	75ppm	
原	65.38	
色／形	青白色／固体	
融／沸	419.527℃／907℃	
密／硬	7130kg/m³／2.5	
同	★⁶²Zn、★⁶³Zn、⁶⁴Zn、★⁶⁵Zn、⁶⁶Zn、⁶⁷Zn、⁶⁸Zn、★⁶⁹ᵐZn、★⁶⁹Zn、⁷⁰Zn、★⁷²Zn	

電子配置
[Ar]$3d^{10}4s^2$

Gallium

ガリウム

日本人が貢献したLED

窒化ガリウム（GaN）を材料とする青色LED（発光ダイオード）の発明と実用化に貢献し、日本人3名がノーベル物理学賞を受賞

照明を変えた元素

ガリウムを材料とするLEDは信号機などにも使われている。低消費電力で太陽光が当たっても見えにくくないという特徴をもつ

LEDに不可欠な元素

ガリウムは、自然界には単体では存在せず、酸化物や硫化物として存在する金属元素だ。単体のガリウムは銀白色で、融点が約30℃と比較的低く体温で融けてまるで水銀のように液体になってしまう。ガリウムを使った最も身近な製品はLEDだろう。LEDには光の3原色である緑色、赤色、青色がある。緑色LEDにはリン化ガリウム（GaP）が、赤色LEDにはリン化アルミニウムインジウム・ガリウム（AlInGaP）が、青色LEDには窒化ガリウム（GaN）が使われている。白色LEDについては、LED電球では主に青色LEDと黄色蛍光体の組み合わせで作られる。白熱電球や蛍光灯に比べ消費電力が非常に低く、長寿命なため社会に革命をもたらした。

ノーベル賞をもたらした窒化ガリウム

青色LEDといえば、2014年に赤﨑勇博士、天野浩博士、中村修二博士の３氏がノーベル物理学賞を受賞したことで有名だ。

当初はセレン化亜鉛（ZnSe）、炭化ケイ素などの化合物半導体での作製が研究されていた。しかし、赤﨑博士と天野博士の研究グループが窒化ガリウムで青色LEDを作ることに世界で初めて成功。そして、中村博士が欠陥の少ない窒化ガリウムの結晶の製造法を確立し、半導体作製の高速化、青色LEDの高輝度化などを果たし実用化へと導いた。

パワー半導体の材料としても注目

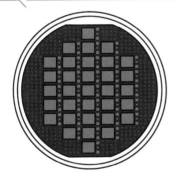

脱炭素社会の実現に向け、電気自動車の普及が加速している。それに伴い、重要性が増しているのがパワー半導体だ。パワー半導体は、電圧を変換してモータ

ーを駆動させるなど電気の制御を担う半導体だ。高電圧、大電流、高温下でも壊れない性能が求められることから、材料として窒化ガリウムや次世代半導体材料の酸化ガリウム（Ga_2O_3）が注目されている。特に酸化ガリウムはパワー半導体の主役と目される炭化ケイ素（SiC）よりも高性能かつ安価に製造できることから、さまざまな製品を低コストで製造することが可能で、実用化に向けた研究開発が進められている。

第4周期
31
Ga

ガリウムの半導体は幅広い

ガリウムとほかの元素を組み合わせて作る化合物半導体はいくつも開発されているが、重要なものにヒ化ガリウム（GaAs）がある。ヒ化ガリウム半導体は、シリコン半導体に比べて電子の移動速度が速く消費電力も少ないため、レーザープリンターや携帯電話など幅広い製品に搭載されている。

発見エピソード

メンデレーエフが元素周期表からアルミニウム直下の「エカアルミニウム」として予言した元素。1875年にフランスのボアボードランが閃亜鉛鉱からスペクトル分析により確認。

DATA

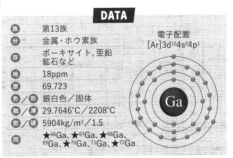

族	第13族	電子配置 [Ar]3d¹⁰4s²4p¹
分	金属・ホウ素族	
存	ボーキサイト、亜鉛鉱石など	
地	18ppm	
原	69.723	
色／形	銀白色／固体	
熱／沸	29.7646℃／2208℃	
密／硬	5904kg/m³／1.5	
同	★⁶⁶Ga、★⁶⁷Ga、★⁶⁸Ga、⁶⁹Ga、★⁷⁰Ga、⁷¹Ga、★⁷²Ga	

レアアースと呼ばれる17元素

「レアアース」は半導体や次世代自動車の部品などに必要不可欠だ。
この元素が今後の日本経済の命運を握るというが、なぜだろうか。

◆◆ ハイテク産業に欠かせない ◆◆
レアアース

「レア（希少）」な「メタル（金属）」である「レアメタル」は全部で31種類。「産業のビタミン」といわれ、スマートフォンをはじめ、現代社会において必要不可欠な存在だ。そのなかでスカンジウムとイットリウム、それに「ランタノイド」系の15元素を加えた17元素が「レアアース（希土類）」と総称されている。

レアアースは、超伝導や超磁性、触媒や蛍光など、優れた光学特性、磁気特性などをもっている。一例を挙げると、ネオジムやジスプロシウムは次世代自動車や風力発電のモーターに使う永久磁石に、イットリウムはレーザーや蛍光体に、セリウムは自動車用の排ガス触媒やUVカットなどに使うガラス添加剤に、ランタンは光学レンズや水素電池、セラミックコンデンサー、ガドリニウムは磁石や医療用または原子炉の放射線遮蔽材といった具合だ。

私たちの日常生活全般にわたって、レアアースが使用されていないハイテク機器がないといっても過言ではないだろう。もはやレアアース抜きにして現代社会は機能しえないのだ。

2020年の世界における主要なレアアースの国別生産量

中国140
アメリカ38
インド3
ミャンマー30
マダガスカル8
オーストラリア17

■主なレアアースの用途

	元素名	用途
Ce	セリウム	研磨剤、自動車用排ガス触媒、鉄鋼・Al添加剤、ガラス添加剤（UVカット他）、FCC触媒、蛍光体、ニッケル-水素電池
La	ランタン	FCC触媒、光学レンズ、ニッケル-水素電池、鉄鋼・鋳造添加剤、蛍光体、研磨剤、セラミックコンデンサー
Nd	ネオジム	ネオジム磁石、FCC触媒、ガラス添加剤、ニッケル-水素電池、セラミックコンデンサー
Y	イットリウム	ジルコニア安定剤、蛍光体（赤）、光学ガラス
Pr	プラセオジム	磁石、セラミックタイル発色材（黄）、ガラス着色剤（緑）、セラミックコンデンサー
Gd	ガドリニウム	磁石、光学ガラス、蛍光体（緑）、放射線遮蔽材（医療用、原子炉、他）
Dy	ジスプロシウム	ネオジム磁石
Sm	サマリウム	サマリウムコバルト磁石
Er	エルビウム	ガラス添加剤
Eu	ユウロビウム	蛍光体（青・赤）
Tb	テルビウム	蛍光体（緑）

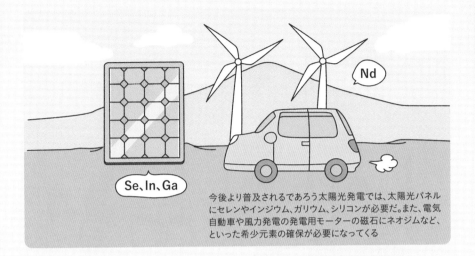

Nd

Se、In、Ga

今後より普及されるであろう太陽光発電では、太陽光パネルにセレンやインジウム、ガリウム、シリコンが必要だ。また、電気自動車や風力発電の発電用モーターの磁石にネオジムなど、といった希少元素の確保が必要になってくる

カーボンニュートラル時代に必須となる

レアアースは鉱石から採掘されるが、その分離や回収が難しく、加工にも手がかかる。一定程度の埋蔵量があると予想されるものの、世界中で鉄の生産量が年間12億tあるのに対し、レアアースの生産量はわずか12万t（2017年）だ。しかし供給量に対し需要が多い。

現在レアアースの主要生産国は中国で、2009年には全世界の97％も占めていた。2010年にはその中国がレアアースの禁輸措置をとったため市場価格が暴騰。日本は約60％を中国からの輸入に頼っていたため、大きな影響を受けた。その後、オーストラリアなどが輸出に踏み切ったため、中国の市場寡占率は87％まで減少したが、依然大多数を占めていることには変わりがない。資源小国の日本にとって、レアアースの埋蔵地の偏在は、外交や経済安保上で大きなリスクとして存在しているのだ。

さらに今、世界的な気候変動に伴う対策により、電気自動車の開発・普及が進められているが、そのモーターの磁石にもレアアースが欠かせない。また排ガス対策にもレアアースが使われており、カーボンニュートラルな未来とレアアースは切っても切り離せない関係にある。

そうしたなかで、レアアースの代替物の研究とともに注目されるのが回収、リサイクルである。モーターの磁石やパソコン、スマートフォンなど、使用済の製品からレアアースを取り出して、再生利用しようというものだ。こうしたリサイクルできる工業製品を「都市鉱山」と呼び、その資源を発掘する動きが出ている。

都市鉱山といわれる、スマートフォンやデジタルカメラ、タブレットなどの廃棄品

ゲルマニウム

Germanium

第4周期

32

Ge

電子工作にも最適
ゲルマニウムラジオは構造が簡易なため、ラジオの原理について学ぶための電子工作の入門としても利用されている

トランジスタラジオの開発に欠かせなかった
ラジオの小型化、軽量化を実現させたトランジスタラジオには、当初ゲルマニウムの半導体素子が使われていた

半導体材料として活躍

　ゲルマニウムは地殻に広く分布している半金属元素で、単体は灰白色だ。社会では、初期のトランジスタ（電気信号のONとOFFの切り替えを担う部品を集積した回路）やダイオード（電流の方向を一方通行にする部品）を作る半導体素子の材料として活用されてきた。

　特に、トランジスタラジオで利用されラジオ普及に貢献している。1950年頃までのラジオの増幅回路には主に真空管が使われていたが、真空管の代わりにトランジスタを用いることで、ラジオの小型化、軽量化が実現した。トランジスタラジオは1960年代にかけて普及したが、その後、シリコン（ケイ素）半導体が登場したことで、ゲルマニウムはその座をシリコンに譲った。

光ファイバーの重要な役割を担う

　二酸化ゲルマニウム（GeO₂）は、光信号で情報を伝えるインターネット用の光ファイバーに使われている。光ファイバーは同心円状の２層構造で、内側のコアと呼ばれる部分には屈折率の大きな材料が、外側のクラッドには屈折率の小さな材料が使われる。これは、光が屈折率の高い方から低い方へ移動する際、進入角が一定以上浅くなると低い方へ移動できなくなる（全て反射される）「全反射」を利用し、信号の損失を抑えるためだ。コアの材料の石英にゲルマニウムを加えることで屈折率が上がり、通信データ量や速度の向上に貢献するのだ。

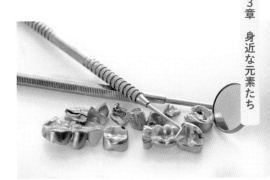

暗闇での侵入監視に威力を発揮

　明かりがない場所でも撮影可能な赤外線監視カメラは、防犯の強い味方だ。通常、光学ガラスは可視光線から近赤外線までは透過するが、中赤外線や遠赤外線は透過しないため、夜間の監視に使うことはできない。それに対し、ゲルマニウムは赤外線を吸収しない性質をもっているため、赤外線監視カメラのレンズや赤外線透過ガラスの材料に使われている。火災の煙の中での人の検知においても威力を発揮する。

PET樹脂の合成にも

　現在、二酸化ゲルマニウム（GeO₂）などのゲルマニウム酸化物は、ペットボトルなどの材料であるPET樹脂を合成する際の触媒として使われている。ゲルマニウム酸化物の触媒は、透明度が高く熱にも強い高品質のPET樹脂を作ることができるのだ。そのほか、金とゲルマニウムの合金は歯科治療に用いられている。

発見エピソード

メンデレーエフが元素周期表によりケイ素の下に位置する「エカケイ素」として予言した元素。1886年にヴィンクラーがドイツの鉱山から産出した銀鉱石を分析することで確認した。

第４周期

32

Ge

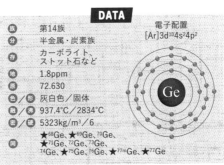

DATA

族	第14族	電子配置 [Ar]3d¹⁰4s²4p²
分	半金属・炭素族	
存	カーボライト、ストット石など	
地	1.8ppm	
原	72.630	
色／形	灰白色／固体	
融／沸	937.4℃／2834℃	
密／硬	5323kg/m³／6	
同	★⁶⁸Ge、★⁶⁹Ge、⁷⁰Ge、★⁷¹Ge、⁷²Ge、⁷³Ge、⁷⁴Ge、★⁷⁵Ge、⁷⁶Ge、★⁷⁷ᵐGe、★⁷⁷Ge	

毒にも薬にもなり半導体にも不可欠な元素

Arsenic

ヒ素

第4周期

33

As

人々を魅了する毒の華

19世紀に作られた緑のドレスは鮮やかな色合いで人気を博した。しかし、ヒ素を含む染料が使われたことから重大な健康被害をもたらした

毒性の有効活用

17世紀頃のヨーロッパでは、ヒ素は緑色の顔料にも含まれていたほか、防虫効果があったことから、壁や家具の塗装にも使われていたという

毒薬は使い方で薬となる

ヒ素は、金属と非金属両方の性質をもつ半金属と呼ばれる元素。単体にも化合物にも強い毒性があり、無水亜ヒ酸（三酸化二ヒ素、As_2O_3）は昔から毒薬として自殺・他殺に用いられる。歴史的な事件や事故、さらには物語にも登場し、その危険性を世に知らしめた。

近年は薬として注目され、日本では急性前骨髄球性白血病の治療薬として承認された。古代ギリシャのヒポクラテスが皮膚病の治療に亜ヒ酸を用いたという記述が残っており、漢方の世界でも悪性腫瘍や皮膚病の治療に使われてきた。

するなどの優れた特性があり、青色LEDの材料としても利用されている。特にヒ化ガリウム（GaAs）を基板とする集積回路（IC）は現在のLSIの主流であるシリコンのICと比べて動作速度が高いことから、携帯電話や高周波数帯の通信デバイスに多く用いられている。

初めて単離されたのは13世紀

ヒ素は自然界では、主に鶏冠石（As_4S_4）や雄黄（石黄、As_2S_3）と呼ばれる鉱石として、化合物の形で存在する。単体のヒ素は、安定的な構造をもち金属光沢のある灰色ヒ素、やわらかい黄色ヒ素、黒リンと同じ結晶構造の黒色ヒ素といった同素体が知られている。物理化学的にリン（P）に似た性質をもっている。

化合物半導体に多用

ヒ素は、複数の元素から作られる化合物半導体に使われている。化合物半導体はシリコン半導体に比べて動作が高速で、高い耐熱性をもち、低消費電力、発光

発見エピソード

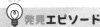

ヒ素は古代からギリシャ人やローマ人により化合物として知られていた。しかし、13世紀に入り、初めてドイツの神学者のマグヌスが単離したといわれている。

DATA

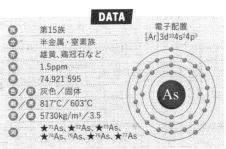

族	第15族	電子配置
分	半金属・窒素族	[Ar]3d^{10}4s^{2}4p^3
存	雄黄、鶏冠石など	
地	1.5ppm	
原	74.921 595	
色／形	灰色／固体	
融／沸	817℃／603℃	
密／比	5730kg/m³／3.5	
同	★^{71}As、★^{72}As、★^{73}As、★^{74}As、^{75}As、★^{76}As、★^{77}As	

幅広い用途に利用、人体にも必須

Selenium

セレン

摂取バランスが大切

人体に必須のミネラルで、欠乏すると高血圧などを起こす。摂りすぎると有害で適量を超えると中毒症状を起こす

活性酸素から体を守る

セレンを含むグルタチオンペルオキシダーゼという酵素は、特に体内で活性酸素を消去する役割を担っている

　セレンは人体に必須なミネラルの1つ。生活習慣病の予防などの効用があり、セレンが欠乏すると貧血や高血圧、心不全の原因になると考えられている。また、毒性もあるため、過剰に摂取すると神経障害や皮膚炎、胃腸障害などを起こす。セレンを多く含む食品はカツオやマグロ、卵黄など。

　自然界では硫黄や硫化物に含まれて産出し、年間総生産量は2016年で年間約2200tと比較的少ない。しかし用途は広く、同素体の金属セレン（灰色セレン）は半導体の性質をもち、また光が当たると電気を流す特異な性質（光伝導性）もあることから、コピー機などの感光ドラムなどに利用されている。だが、有毒であることからセラミックスや有機伝導体へ置き換えられている。

発見エピソード

硫黄とテルルのかげに隠れていたため発見されにくかったが、1817年に硫酸を製造するため、硫黄を燃焼した際に生じた沈積物から発見。

DATA

族	第16族
分	半金属・酸素族
存	硫黄、硫化物に少量含まれる
地	0.05ppm
原	78.971
色／形	灰色／固体
熱／沸	220.2℃／684.9℃
密／硬	4790kg/m³／2
同	★⁷²Se、⁷⁴Se、★⁷⁵Se、⁷⁶Se、★⁷⁷ᵐSe、⁷⁷Se、⁷⁸Se、★⁷⁹Se、⁸⁰Se、★⁸¹ᵐSe など

電子配置　[Ar]3d¹⁰4s²4p⁴

Se

猛毒だが火災から生活を守る

Bromine

臭素

　常温で液体、海水などに臭化物イオンとして存在する。単体は赤褐色の液体で、不快なにおいがして毒性が高い性質で、塩素によく似ているため体内に取り込まれやすい。臭素と炭素が結合した有機化合物は、染料や薬品、農薬の原料として重要な存在だ。また、プラスチックや繊維などに混ぜて燃えにくくする難燃剤として利用される。

35	Br

DATA

族	第17族
分	非金属・ハロゲン
存在地	海水中など
	0.37ppm
原	[79.901,79.907]
色／形	赤褐色／液体
融／沸	-7.2℃／58.78℃
密／硬	3120kg/m³／―
同	★⁷⁶Br、★⁷⁷Br、⁷⁹Br、★⁸⁰ᵐBr、★⁸⁰Br、⁸¹Br、★⁸²Br、★⁸³Br

電子配置　[Ar]3d¹⁰4s²4p⁵

火災防止に寄与

現在世界中で最も多く使われている難燃剤は臭素系で、プラスチックや繊維を燃えにくくするためコンセントなどに応用される

電球を長持ちさせ明るく光らせる

Krypton

クリプトン

　地球の大気中に含まれるが、その量は体積比で0.000114％と最も少ない。貴ガスであり不活性でほかの元素と反応しにくい。また、熱を伝えにくく、電球のフィラメントを長持ちさせるうえ、アルゴン入りの白熱電球よりも明るく光ることからシャンデリアの電球の中などに封入された。また、空気よりも熱伝導率が低いことから、窓の断熱性向上のために使用されている。

36	Kr

DATA

族	第18族
分	非金属・貴ガス
存在地	空気中に微量に存在
	0.00001ppm
原	83.798
色／形	無色／気体
融／沸	-156.6℃／-153.35℃
密／硬	3.733kg/m³／―
同	⁷⁸Kr、★⁷⁹Kr、⁸⁰Kr、★⁸¹Kr、★⁸²Kr、★⁸³Kr、⁸³Kr、⁸⁴Kr など

電子配置　[Ar]3d¹⁰4s²4p⁶

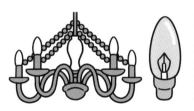

見えない場所で長所が輝く

一般の白熱電球よりも明るく長寿命なため、シャンデリアの電球の中などに封入されている

産業を守る元素

食品の産地表示の偽装を防ぐため、元素による産地識別の技術が開発されている。
消費者に安心を届け、産地を風評被害から守る新しいトレーサビリティシステムとは。

◆◆ アサリの産地はネオジムで判別 ◆◆

2022年1月、熊本県産のアサリの97%が外国産だったことが報道され、風評被害に

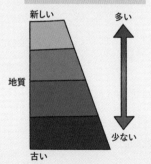

ネオジム同位体143Nd

海中のネオジム同位体比は、河川から流れる水や周辺の陸地などの地質の影響を受ける。これにより、産地の特定が可能だという

よりハマグリが大量に返品されるなど、熊本県産の食に多大な被害を及ぼした。食の国際化が進むなか、食のブランド力や安全性を失墜させてしまう食品偽装への取り組みは火急の案件だ。そこで元素による産地判別法が注目を集めている。

以前からアサリの産地を調べるために元素に着目する手法はあったが、水温や塩分などの環境の影響を受けるため、正確な判定はきわめて困難とされていた。しかし東京大学と弘前大学などの共同研究チームは、貝殻に微量に含まれる元素のネオジムの同位体比に着目し、正確に産地を識別する新しい手法を開発した（2022年1月）。

同位体比とは、重い元素と軽い元素の比率のことで、ネオジムの同位体比は、地質の年代を反映する特徴があり、同位体ネオジム143の比率は古い地質は少なく、新しいほど大きいという傾向にある。土壌に含まれていたネオジムが河川を通じて海へ流れ込み、沿岸に生息する貝類の貝殻にネオジムが蓄積されるため、土壌の特徴が貝殻にも表れる。国内12地点と中国4地点で採れたアサリの貝殻のネオジムの同位体比を分析し、地質が古い中国産の貝は同位体比が少なく、また北海道や関東地方産は同位体比が大きいことが判明。ネオジムの同位体比は産地ごとに特有の値をもち、産地判別の指標として利用できることがわかった。

さまざまな食品も元素で判別

ネオジムの同位体比による産地判定は、環境や個体の代謝による影響を受けにくい。また貝殻以外の骨や軟組織にも海水中のネオジムが蓄積されるので、研究グループは魚や海藻などの産地の判定にも応用可能であると発表している。実際に含有する元素の分析による原産地や特徴の判別は、すでにほかの食品でも行われている。

例えば、米は産地により土壌や気象条件、栽培地の河川の水系により同位体比が違うので、産地が特定できる。タマネギはナトリウム、マグネシウムなど11の元素を分析することで、外国産と国内産、国内産地の違いを見分けることが可能だ。そのほかにも野菜は、肥料に含まれる同位体比で有機栽培されたものかどうかが、またウナギは窒素の量により天然か養殖かがわかる。牛肉は産地ごとにエサの内容が違うので、同位体比によって産地の違いがわかるなど、元素での判別例は数多い。

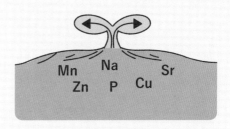

日本の地質の特徴を元素で可視化

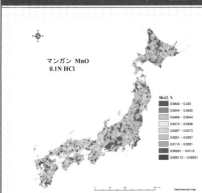

マンガン MnO
0.1N HCl

MnO₂ %

地球上のあらゆるもの、あらゆる場所に存在する元素だが、それが1カ所にとどまるわけではなく、移動や拡散を繰り返している。こうした元素の分布や動きについて日本全国の陸域から約3000個の河川堆積物試料と、沿岸域から約5000個の海底堆積物試料を採取し分析し、地図上で示したのが「元素濃度マップ（地球化学図）」（質調査総合センター・作）である。どの元素がどこに集中しているか、自然のものか人為的に汚染が進んだのかがビジュアルでわかるようになった。

地質調査総合センターWebページの地球化学図「0.1N塩酸抽出の全国地球化学図」（なお0.1N塩酸＝0.1mol/L塩酸）のマンガンを使用し、編集部が地図部分のみに加工

時を正確に刻む原子時計にも利用

Rubidium

ルビジウム

単体のルビジウムは銀白色のやわらかく融点の高い金属だ。同位体のルビジウム87の半減期は約492億年ととても長い。カーナビなどに不可欠な測位システムのなかでも1cm単位の高精度で測位可能な日本の準天頂衛星「みちびき」には、原子時計の中では比較的安価でありながら、正確に時を刻むルビジウム原子時計が搭載されている。

長い半減期で星などの歳を数える

半減期がとても長く、岩石などの年代測定法の1つ「ルビジウム-ストロンチウム法」で使われる

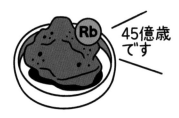

45億歳です

37 | Rb

DATA	
族	第1族
分	アルカリ金属
存	紅雲母、カーナル石など
地	90ppm
原	85.4678
色/形	銀白色／固体
融/沸	38.89℃／688℃
密/硬	1532kg/m³／0.3
同	★81Rb、★81Rb、★82Rb、★83Rb、★84Rb、85Rb など

電子配置 [Kr]5s¹

赤い花火の発色剤となる元素

Strontium

ストロンチウム

単体のストロンチウムは軽くやわらかい金属。ガラスの添加剤や花火の発色剤に使われる。一方、カルシウムとイオン半径が近いため、生体内ではカルシウムイオンと置換しやすい。核分裂で放出されるストロンチウム90が人体に取り込まれると骨などに蓄積し、骨のがんや白血病の原因になるとされている。

発煙筒や花火の色の正体

ストロンチウムを含む物質を高温状態にすると炎色反応で深紅の可視光を放つため、発煙筒や花火に用いられる

38 | Sr

DATA	
族	第2族
分	アルカリ土類金属
存	ストロンチアン石、天青石など
地	370ppm
原	87.62
色/形	銀白色／固体
融/沸	777℃／1414℃
密/硬	2540kg/m³／1.5
同	★82Sr、★83Sr、84Sr、★85Sr、86Sr、★87mSr、87Sr、88Sr、★89Sr など

電子配置 [Kr]5s²

YAGレーザーは幅広い分野で利用

Yttrium

イットリウム

　やわらかいが延性や展性がない金属。イットリウム・アルミニウム・ガーネットの結晶は通称YAG（ヤグ）と呼ばれ、高出力レーザーは医療・美容に利用される。

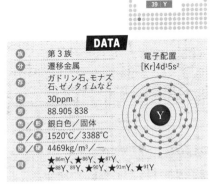

族	第3族	電子配置 [Kr]4d¹5s²
分	遷移金属	
存	ガドリン石、モナズ石、ゼノタイムなど	
地	30ppm	
原	88.905 838	
色／形	銀白色／固体	
融／沸	1520℃／3388℃	
密／硬	4469kg/m³／—	
同	★⁸⁶Y、★⁸⁶Y、★⁸⁷Y、★⁸⁸Y、⁸⁹Y、★⁹⁰Y、★⁹¹ᵐY、★⁹¹Y	

入れ歯やダイヤモンドの代替に利用

Zirconium

ジルコニウム

　中性子を吸収しにくいので、原子力発電の核燃料の被覆管に使われる。ジルコニア（二酸化ジルコニウム、ZrO₂）は、耐熱性が高く耐火レンガや入れ歯に使われる。

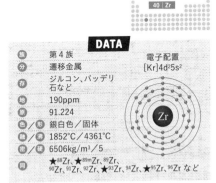

族	第4族	電子配置 [Kr]4d²5s²
分	遷移金属	
存	ジルコン、バッデリ石など	
地	190ppm	
原	91.224	
色／形	銀白色／固体	
融／沸	1852℃／4361℃	
密／硬	6506kg/m³／5	
同	★⁸⁸Zr、★⁸⁹ᵐZr、⁸⁹Zr、⁹⁰Zr、⁹¹Zr、⁹²Zr、★⁹³Zr、⁹⁴Zr、★⁹⁵Zr、⁹⁶Zrなど	

超伝導材料として活躍

Niobium

ニオブ

　銀灰色のレアメタル。チタンと合金は金属の中で最も高い温度で超伝導現象を起こし、ニオブチタンはリニア新幹線の超伝導磁石に使われている。

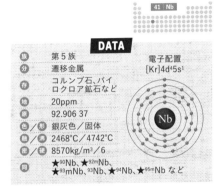

族	第5族	電子配置 [Kr]4d⁴5s¹
分	遷移金属	
存	コルンブ石、パイロクロア鉱石など	
地	20ppm	
原	92.906 37	
色／形	銀灰色／固体	
融／沸	2468℃／4742℃	
密／硬	8570kg/m³／6	
同	★⁹⁰Nb、★⁹²ᵐNb、★⁹³ᵐNb、⁹³Nb、★⁹⁴Nb、★⁹⁵Nbなど	

ステンレスの強度や耐熱性が向上

Molybdenum

モリブデン

　融点や沸点が非常に高い。主な用途はステンレス鋼への添加剤で強度、耐熱性、耐腐食性が増す。また、モリブデン化合物はエンジンオイルの添加剤に利用される。

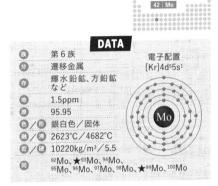

族	第6族	電子配置 [Kr]4d⁵5s¹
分	遷移金属	
存	輝水鉛鉱、方鉛鉱など	
地	1.5ppm	
原	95.95	
色／形	銀白色／固体	
融／沸	2623℃／4682℃	
密／硬	10220kg/m³／5.5	
同	⁹²Mo、★⁹³Mo、⁹⁴Mo、⁹⁵Mo、⁹⁶Mo、⁹⁷Mo、⁹⁸Mo、★⁹⁹Mo、¹⁰⁰Mo	

Technetium

テクネチウム

世界初の人工元素で、同位体は全て放射性だ。テクネチウム99は、放射性医薬品として骨疾患やがんの診断に利用される。1952年に恒星の内部で作られていることが判明した。地球上でもウラン鉱石から検出された。

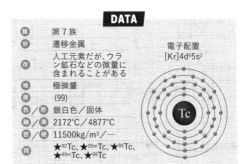

DATA

族	第7族
分	遷移金属
存	人工元素だが、ウラン鉱石などの微量に含まれることがある
地	極微量
原	(99)
色／形	銀白色／固体
融／沸	2172℃／4877℃
密／硬	11500kg/m³／―
同	★⁹²Tc、★⁹⁵ᵐTc、★⁹⁵Tc、★⁹⁹ᵐTc、★⁹⁹Tc

電子配置
[Kr]4d⁵5s²

Ruthenium

ルテニウム

銀白色の硬くてもろい金属で、白金族の一種。酸化や腐食に強く濃塩酸と濃硝酸を混ぜた王水にも溶けにくい。融点が高く常磁性もあるため、パソコンのハードディスクドライブに使われている。

DATA

族	第8族
分	遷移金属
存	ラウライトなど
地	0.001ppm
原	101.07
色／形	銀白色／固体
融／沸	2250℃／4155℃
密／硬	12410kg/m³／6.5
同	⁹⁶Ru、⁹⁸Ru、⁹⁹Ru、¹⁰⁰Ru、¹⁰¹Ru、¹⁰²Ru、★¹⁰³Ru、¹⁰⁴Ru、★¹⁰⁵Ru、★¹⁰⁶Ru

電子配置
[Kr]4d⁷5s¹

第5周期

43 Tc
44 Ru
45 Rh

Rhodium

ロジウム

研磨すると輝くため、宝飾品やカメラ部品のメッキに使われている。また、ガソリン車などの排ガスに含まれる有害物質の窒素酸化物（NOx）を分解し無害化するため、排ガスを浄化する「三元触媒」（→P120）に使われる。

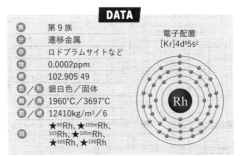

DATA

族	第9族
分	遷移金属
存	ロドプラムサイトなど
地	0.0002ppm
原	102.905 49
色／形	銀白色／固体
融／沸	1960℃／3697℃
密／硬	12410kg/m³／6
同	★⁹⁹Rh、★¹⁰³ᵐRh、¹⁰³Rh、★¹⁰⁵ᵐRh、★¹⁰⁵Rh、★¹⁰⁶Rh

電子配置
[Kr]4d⁸5s²

元素戦略

元素は経済活動に欠かせない国家資源だ。
そこで輸入に頼らない自給自足のための研究が行われた。

官民一体となり
資源問題の解決を図る

日本は資源が乏しく国土もさほど広くもないことから、原油や工業原料を輸入しそれを加工・製品化することで経済成長を成し遂げてきた。しかし、世界情勢の悪化により原料費が高騰したり輸入が途絶えたりしてしまう。このフローは「産業のビタミン」と呼ばれるレアメタルをはじめとした元素にも当てはまる。

そこで官民一体となり発足されたのが「元素戦略プロジェクト」であり、2012年から10カ年事業として、5つの分野の研究が行われた。内訳は、希少元素を一般的な元素で置き替える「代替」、都市鉱山（→P107）からの回収・再活用を目指す「循環」、使用量を減らす「減量」、新たな活用から可能性を探る「新機能」、有害な元素を使わない「規制」となる。

例えば次世代自動車に関する研究では、モーターの耐熱性を向上させるために、ネオジム磁石に添加するジスプロシウムやテルビウムなどの重希土類を使わないモーターの開発に成功している。電気自動車のリチウムイオン電池などに使う電解液の研究で、消火機能を備えた高性能有機電解液の開発も行われた。

また、プロジェクトでは、分野ごとに研究拠点を研究機関や大学内に設置することで、専門を異にする若手研究者などの人材の交流や育成も促進も行われた。

資源争奪戦は、今後ますます激しくなる。だからこそ、日本が提唱したサイエンスで資源問題を解決する「元素戦略」というアプローチもより重要性を増してくるのだ。

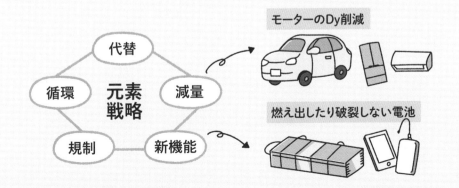

モーターのDy削減

燃え出したり破裂しない電池

代替　循環　元素戦略　減量　規制　新機能

次世代エネルギーに不可欠な元素 *Pd*

46 | Pd

Palladium

パラジウム

第5周期

46

Pd

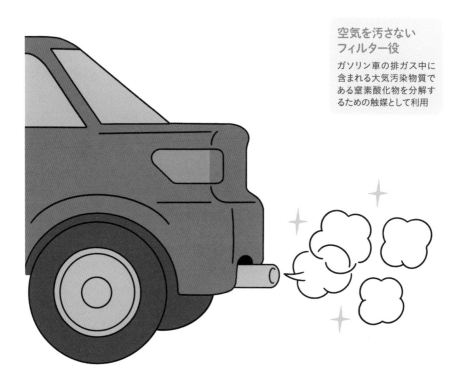

**空気を汚さない
フィルター役**

ガソリン車の排ガス中に
含まれる大気汚染物質で
ある窒素酸化物を分解す
るための触媒として利用

車社会や産業に貢献

　銅、亜鉛、ニッケルなどを製錬する際に
副産物として得られ、生産量が少なく貴重
な金属として取引もされている。

　パラジウムの大半はガソリン車の排ガス
中に含まれる大気汚染物質である窒素酸化
物（NOx）を分解するための触媒として
白金、ロジウムとともに利用されてきた。

排ガスに含まれる炭化水素、一酸化炭素、
窒素酸化物の3つを同時に除去することか
ら「三元触媒」と呼ばれている。

　パラジウムの触媒としての特性は、産業
に有用な化合物の生産にも利用されている。
もととなったのが「パラジウム触媒クロス
カップリング反応」の解明であり、研究に
貢献した日本人の根岸英一博士、鈴木章博
士が2010年にノーベル化学賞を受賞した。

120

歯科治療で使われる銀歯

歯科治療で使われる銀歯には、金と銀とパラジウムの合金が使われている。パラジウムの割合は20％以上だ。パラジウムは体内に蓄積しにくい金属であることから、使われるようになった。

また、純粋なパラジウムの色合いは白金（プラチナ）に近いことから、金とパラジウムの合金は、ホワイトゴールドと呼ばれ、宝飾品としても使われている。しかし、歯科治療に使われるように毒性は弱いものの、ニッケルや白金同様、宝飾品として装飾する際、直接肌に触れることによる皮膚炎や金属アレルギーの発症が確認されている。

水素の吸蔵や分離に不可欠

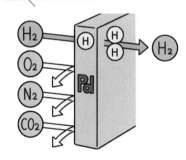

パラジウム金属の結晶内は酸素原子が侵入できるという性質をもつ。体積の約900倍もの量の水素を吸収する能力をもっていることから、近年、水素吸蔵合金とし

て、水素エネルギーの製造や貯蔵時での活躍が期待されている。

また、パラジウム膜として、混合ガスなどから高純度の水素を作ることができ、空気中から水素のみを分離させることができるパラジウムが欠かせないものとなってきている。

生産量はロシアがダントツ

2020年時点のパラジウムの主な生産国はロシア、南アフリカ、カナダ、アメリカ、ジンバブエで、なかでもロシアが総産出量の44％、南アフリカが40％を占める。パラジウムは半導体分野においても非常に重要で、センサーやメモリーに利用されている。そのため、ロシア産パラジウムの供給遮断が危惧されている。

発見エピソード

1803年にイギリスのウオラストンが同じ白金族のロジウムとともに白金鉱を王水に溶かして発見、単離された。パラジウムの名前は前年の1802年に発見された小惑星パラスに由来している。

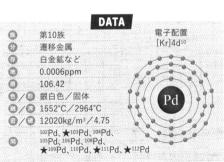

DATA

		電子配置
族	第10族	[Kr]4d^{10}
分	遷移金属	
存	白金鉱など	
地	0.0006ppm	
原	106.42	
色／形	銀白色／固体	
融／沸	1552℃／2964℃	
密／比	12020kg/m³／4.75	
同	^{102}Pd、★^{103}Pd、^{104}Pd、^{105}Pd、^{106}Pd、^{108}Pd、★^{109}Pd、^{110}Pd、★^{111}Pd、★^{112}Pd	

古代から人類が利用してきた金属

Ag

47 | Ag

Silver

銀

古代から装飾品に活用

銀は加工しやすいことから、古代から食器や宝飾品として利用されてきた金属

化合物として存在

銀は主に硫化物である輝銀鉱として産出。2022年時点の銀の主な産出国はメキシコ、中国、ペルーだ

第5周期

47

Ag

金よりも貴重だった銀

銀の元素記号Agの語源はギリシャ語のargyrosで、「輝く」といった意味をもつ。加工しやすいことから、古くから貨幣や食器、宝飾品として広く利用されてきた。古代の宝飾品には、金に銀でメッキしたものさえあったほど、銀は金よりも価値が高いと考えられていた。日本では戦国大名の軍資金として銀が用いられ、16世紀に石見銀山が開発されるとポルトガル商人にも存在が知られることとなる。その後、日本は世界の生産量の3分の1を占める一大輸出国となった。しかし、大航海時代にアメリカ大陸が発見され、大量の銀がヨーロッパに入ったことで、銀の価値は下落した。

中国で唐や宋の時代に銀塊を扱う店を銀行と呼んだことが、現在の名前の由来だ。

抗菌剤や殺菌剤として注目

　近年、銀製品は抗菌剤や殺菌剤、消臭剤として注目されている。銀イオンには強い殺菌作用があることから、銀イオンを利用した抗菌製品が続々と発売されているのだ。強い殺菌作用は、銀がバクテリアの酵素などと強く結合し、酵素の活性を失わせるためであると考えられている。

　硫酸銀を含む水溶液は現在でも眼科用殺菌剤や皮膚軟化剤として使われている。また、殺菌消毒剤にはサルファダイアジン銀という銀の化合物が使われている。

金属一の電気伝導率を誇る

　銀は全ての金属の中で、常温における電気の通しやすさが高い。しかし、高額であるため、電線やケーブルには、銀の次に電気を通しやすく価格が安い銅が使われている。その一方で、エレクトロ

ニクス製品（電子機器）の導電材料などに使われる。

　光の反射率も金属の中で最も高い。ガラス魔法瓶は、内瓶と外瓶のそれぞれに銀メッキを施し、赤外線を反射し冷めにくくしている。一般的な鏡は、板ガラスの片側に銀膜を貼って作る。

温泉では銀の装飾品が変色

　銀は空気中で酸化されにくいことから装飾品に用いられる。しかし、銀製品を放置しておくと黒ずんでしまうのは、硫黄分が原因だ。空気中に漂っている微量の硫黄分と銀が反応して黒い硫化銀（Ag_2S）を作るのだ。硫黄分の多い温泉などに銀の装飾品を着けて入ると、真っ黒に変色するので注意が必要だ。

発見エピソード

古代より知られているため、発見者は不明だ。銀の利用の歴史は非常に古く、紀元前3000年頃の古代エジプト時代には生活に取り入れられたといわれる。

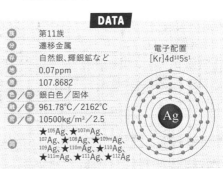

DATA

族	第11族	
分	遷移金属	
存	自然銀、輝銀鉱など	電子配置
地	0.07ppm	[Kr]4d¹⁰5s¹
原	107.8682	
色／形	銀白色／固体	
融／沸	961.78℃／2162℃	
密／硬	10500kg/m³／2.5	
同	★¹⁰⁵Ag、★¹⁰⁷ᵐAg、¹⁰⁷Ag、★¹⁰⁸Ag、★¹⁰⁹ᵐAg、¹⁰⁹Ag、★¹¹⁰ᵐAg、★¹¹⁰Ag、★¹¹¹ᵐAg、★¹¹¹Ag、★¹¹²Ag	

公害病で有名な毒性の強い元素

Cd

Cadmium

カドミウム

クリーンな社会づくりに不可欠

テルル化カドミウムを半導体材料とするテルル化カドミウム太陽電池は薄膜化が可能だ

大量の廃棄はリスクに

カドミウムは国連環境プログラムの有害汚染物質リストトップ10に含まれるため、廃棄時に注意が必要

薄膜太陽電池の材料に利用

カドミウムは、電池の素材として私たちの暮らしに役立ってきた。鉛蓄電池よりも小型化、軽量化が可能なことから、ニッケルと組み合わせたニッケル－カドミウム蓄電池（ニッカド電池）の材料として多くの機器に搭載されてきた。

テルル化カドミウム太陽電池は薄膜太陽電池のなかで唯一、シリコン太陽電池よりも低コストでの製造が可能で、2022年にはアメリカの大手太陽光パネルメーカーが化合物半導体のテルル化カドミウム（CdTe）を材料とする太陽電池の生産規模を拡大すると発表した。海外では低価格な太陽電池として発電所向けに出荷されている。日本では、毒性への懸念から開発は進んでいない。

絵の具やペンキの原料にも

カドミウムの主要鉱石は硫化カドミウム（CdS）が組成成分だ。鮮やかな黄色をしており「カドミウムイエロー」とも呼ばれ、絵の具やペンキの材料、半導体材料として使われてきた。また、カドミウム化合物は蛍光性があることから、テレビのモニターの蛍光材料として利用されてきた。

カドミウム単体は銀白色でやわらかく、比較的融点が低いことから、電子部品の基板に付けるはんだの材料として使われてきた。しかし現在では、その毒性から使用禁止、または成分表示により規制されている。

日本の4大公害病の1つに

カドミウムは人体に非常に有害な元素で、長期間摂取すると腎臓、肺、肝臓などに障害が発生し、骨粗しょう症や骨軟化症を起こす。富山県神通川流域で発生したイタイイタイ病は原因不明の病気として1955年頃から社会問題化したが、調査の結果、亜鉛精錬所からの廃液に含まれていたカドミウムが原因であることが判明した。熊本県の水俣病、新潟県の第二水俣病、三重県の四日市ぜんそくとともに日本の「4大公害病」と呼ばれるようになった。

亜鉛をとる際の副産物

カドミウムはラテン語の「cadmia（鉄の混ざった酸化亜鉛)」が語源。ギリシャ神話の王子カドムスにちなんで命名されたという説もある。カドミウムの鉱石は主に硫化カドミウム（CdS）として産出するが、工業的には硫化亜鉛鉱石（ZnS）から亜鉛をとる際の副産物として得られる。亜鉛に似た性質をもつ。

発見エピソード

1817年、ハノーバー公国の全薬局の監督長官であったシュトロマイヤーが炭酸亜鉛（ZnCO₃）を研究している際、新元素に気付きカドミウムの分離に成功した。

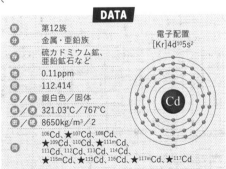

DATA

族	第12族
分	金属・亜鉛族
存	硫カドミウム鉱、亜鉛鉱石など
地	0.11ppm
原	112.414
色／形	銀白色／固体
融／沸	321.03℃／767℃
密／硬	8650kg/m³／2

電子配置
[Kr]4d¹⁰5s²

Cd

同　¹⁰⁶Cd、★¹⁰⁷Cd、¹⁰⁸Cd、★¹⁰⁹Cd、¹¹⁰Cd、★¹¹¹ᵐCd、¹¹¹Cd、¹¹²Cd、¹¹³Cd、¹¹⁴Cd、★¹¹⁵ᵐCd、★¹¹⁵Cd、¹¹⁶Cd、★¹¹⁷ᵐCd、★¹¹⁷Cd

インジウム

Indium

In

49 | In

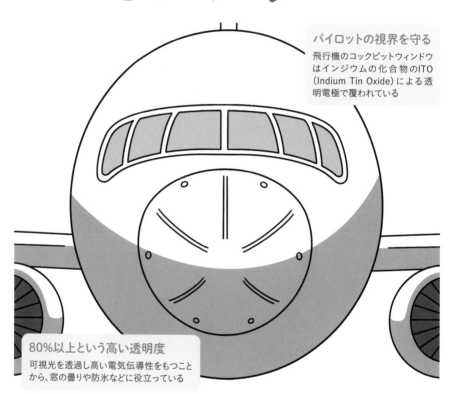

パイロットの視界を守る
飛行機のコックピットウィンドウはインジウムの化合物のITO（Indium Tin Oxide）による透明電極で覆われている

80%以上という高い透明度
可視光を透過し高い電気伝導性をもつことから、窓の曇りや防氷などに役立っている

液晶ディスプレイの電極に

　インジウムは、今やスマートフォンやパソコン、テレビなどの液晶ディスプレイに欠かせないレアメタルとして私たちの生活を陰で支えている。インジウムの化合物である酸化インジウムスズ（ITO）は電気伝導性をもちながら透明なことから、液晶ディスプレイの透明電極の材料として使われ

ている。ITOは酸化インジウム（In_2O_3）に酸化スズ（SnO_2）を加えて作られる。ITOはほかにも飛行機のコックピットウィンドウや太陽電池、青色発光ダイオードの透明電極としても使われている。

　インジウムは亜鉛の副産物として生産される。生産国のトップ3は2021年時点で多い順に中国、韓国、日本で、なかでも中国が世界の総生産量の約40％以上を占める。

医薬品としても利用

インジウムは融点が約157℃と、金属の中では低い。空気中ではすぐに酸素と反応し、表面に酸化被膜を作って安定化する。この酸化物は、水や酸素と反応しにくく、腐食にも強いため、インジウムの内部を守る役目を果たしている。被膜は酸化物だが金属光沢をもっているので、メッキ材としても使われている。

また、塩素とインジウムの放射性同位体の化合物の塩化インジウムは放射性医薬品として医療の現場で使用されている。塩化インジウムを静脈注射することで、骨髄の造血機能の診断ができる。

令」と呼ばれる法律が制定され、電子機器において、鉛など特定有害物質の原則使用が禁止された。そこで近年、鉛フリーはんだの開発が進められている。その1つにスズ、銀、インジウム、ビスマスを含むものがある。インジウムを使うことで融点を下げることができる。

鉛フリーはんだとして利用

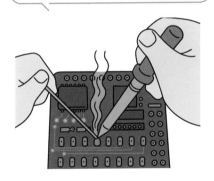

従来、電子回路の基板などに電子部品を搭載するためには鉛はんだが使われてきた。しかし、鉛は有毒元素だ。特に欧州連合(EU)では2006年に「RoHS指

環境、健康への配慮も

近年、インジウムの利用拡大に伴い、環境や健康に対する影響についても規制が強化されている。鉛フリーはんだとして使用されている一方で、インジウムスズ化合物は、吸入すると強い肺障害を引き起こすことから、インジウム化合物を取り扱う作業においては、呼吸用保護具の使用が義務付けられている。

発見エピソード

1863年にドイツのリヒターとライヒが閃亜鉛鉱の中から発光スペクトル分析によって発見した。その後、金属インジウムの単体分離にも成功。

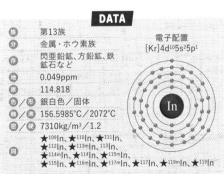

DATA

族	第13族
分	金属・ホウ素族
存	閃亜鉛鉱、方鉛鉱、鉄鉱石など
地	0.049ppm
原	114.818
色/形	銀白色／固体
融/沸	156.5985℃／2072℃
密/硬	7310kg/m³／1.2

電子配置
$[Kr]4d^{10}5s^25p^1$

In

同	★^{109}In、★^{110}In、★^{111}In、★^{112m}In、★^{113m}In、★^{113}In、★^{114m}In、★^{114}In、★^{115m}In、★^{115}In、★^{116m}In、★^{117m}In、★^{117}In、★^{119m}In、★^{119}In

127

Tin

スズ

生活になじみ深い元素

薄い鉄板をスズでメッキしたブリキの缶詰の缶など、スズは身近な存在として私たちの生活を支える

近年の需要は減少気味

果物などの有機酸によりスズが腐食する可能性があり、近年は樹脂コーティングされたスチール缶やポリエステルラミネート缶も普及

ブリキとして生活を支える

食品などを入れるブリキ缶とは、薄い鉄板をスズでメッキしたものだ。スズは表面に酸化被膜を作り、内部の金属を腐食から守る高い耐食性をもつことから、その性質が利用されている。

食品の缶詰のほか、屋根やブリキのおもちゃなどとして身近な存在であり私たちの生活を陰で支えてきた。

古代から合金の材料として利用されており、特に銅とスズの合金である青銅は、人類が最初に活用するようになった合金の1つ。ブリキ缶が本格的に活用されたのは1810年代。缶詰は軍隊や北極調査隊など、軽量な物資輸送が求められる用途が主だった。その後、食文化の発展により缶詰の需要が高まり世界に広がっていった。

青銅器時代を生んだスズ

スズは、古代から合金の材料として利用されてきた。特に青銅は、1～30％のスズと銅との合金で、鉄が使われるようになる鉄器時代以前には、青銅器時代があったことが知られている。銅にスズを混合するとさらに硬くなるうえ、適度な展性・延性があり、研磨などの加工がしやすい。そのため、古代には斧や剣、銅鐸などに使われていた。現在でも、バルブや軸受などの機械部品をはじめ、パイプオルガンのパイプ、電子材料や電子部品などに使われている。10円玉も青銅製で、1～2％スズが含まれている。

る。その主な要因は有毒な鉛を使わない鉛フリーはんだの普及によるものだ。鉛フリーはんだの組成は、一般的にスズが中心となっていて、スズと銀、スズと銅など、性能やコストに応じた種類がある。

近年、生産量は増加傾向に

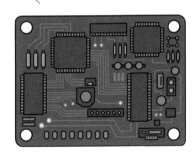

スズはスズ鉱石から得られる。2021年時点の世界全体における精製スズの生産量は37万8400t。スズ鉱石の主な生産国は中国とインドネシアだ。

近年、スズの生産量は増加傾向にあ

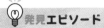

発見エピソード

古代より知られるため、発見者や発見年は不明。「青銅器時代」という歴史区分法があるほど、スズと銅の合金である青銅は古代より広く使われてきた。

低温に弱いスズ

スズは天然に10種もの同位体が存在し、単体は常温では銀白色で、展性や延性をもつ。しかし、温度の変化により結晶構造が変わるため、13.2℃以下になると灰色でもろい物質に変化する。1812年、ロシア帝国を攻撃したナポレオン軍が敗れたのは、兵士たちの軍服のスズ製のボタンが、マイナス30℃という極寒でボロボロになったからだという説があるが、反応に時間がかかることなどからこの説は疑問視されている。

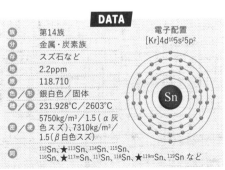

DATA

族	第14族	電子配置 [Kr]4d¹⁰5s²5p²
分	金属・炭素族	
存	スズ石など	
地	2.2ppm	
原	118.710	
色/形	銀白色／固体	
融/沸	231.928℃／2603℃	
密/硬	5750kg/m³／1.5（α灰色スズ）、7310kg/m³／1.5（β白色スズ）	
同	¹¹²Sn、★¹¹³Sn、¹¹⁴Sn、¹¹⁵Sn、¹¹⁶Sn、★¹¹⁷ᵐSn、¹¹⁷Sn、¹¹⁸Sn、★¹¹⁹ᵐSn、¹¹⁹Sn など	

合金や難燃剤、半導体とマルチに活躍

Antimony

アンチモン

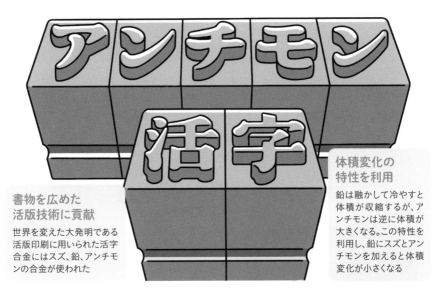

**書物を広めた
活版技術に貢献**

世界を変えた大発明である
活版印刷に用いられた活字
合金にはスズ、鉛、アンチモ
ンの合金が使われた

**体積変化の
特性を利用**

鉛は融かして冷やすと
体積が収縮するが、アン
チモンは逆に体積が
大きくなる。この特性を
利用し、鉛にスズとアン
チモンを加えると体積
変化が小さくなる

　アンチモンは旧約聖書にも登場するほど古くから利用され
てきた元素だ。古代エジプトの壁画で描かれる女性の黒いア
イシャドウの成分が硫化アンチモン（Sb_2S_3）だといわれている。

　15世紀半ばにドイツのグーテンベルクが発明したとされ
る活版印刷に用いられた活字合金には、体積変化の小さいス
ズ、鉛、そしてアンチモンの合金が使われている。近年は半
導体に近い性質をもつ半金属であることから、半導体材料と
して重要な位置を占めている。また、鉛とアンチモンの合金
は鉛蓄電池の電極に使われてきた。

発見エピソード

アンチモンの化合物は古代か
ら使われてきたため発見年も
発見者も不明。名前の由来は、
ギリシャ語のanti-monos（孤
独嫌い）といわれる。

　アンチモンの化合物であ
る三酸化アンチモン（Sb_2O_3）
は難燃剤の1つとしてカー
テンやプラスチック製品、
ゴム製品など、生活の至る
所で利用されている。

DATA

族	第15族
分	半金属・窒素族
存	輝安鉱など
地	0.2ppm
原	121.760
色／形	銀白色／固体
融／沸	630.74℃／1587℃
密／	6691kg/m³／3
同	¹²¹Sb、★¹²²Sb、¹²³Sb、★¹²⁴Sb、★¹²⁵Sb、★¹²⁷Sb

電子配置　[Kr]4d¹⁰5s²5p³

記録媒体や発電材料に欠かせない

Tellurium

テルル

　テルルは銀白色の半金属で、銅を製錬する際に二次生成物として得られる。多くは、陶磁器やガラスなどに赤色や黄色をつける着色剤として使われる。熱を加えると結晶構造が変化するという性質を利用し、書き換え可能なDVDやブルーレイディスクの記録層の素材として使われる。例えばゲルマニウム–アンチモン・テルル合金に、強いレーザー光線を当て急激に温度を上げて冷やすと、結晶構造から非結晶構造へと変化する。この反応のサイクルを利用し、レーザー光線の強弱をコントロールし、記録、再生、消去を行っているのだ。

💡 発見エピソード

1782年にオーストラリアのミュラーが鉱石中から発見し、ドイツのクラプロートが単離に成功した。元素名はラテン語のtellus（地球）に由来。

　近年は、熱から電気を発生させる「ゼーベック効果」や、電気から温度差を作る「ペルチェ効果」をもたらす熱電変換素子の材料として、合金が注目されている。

DATA

族	第16族
分	半金属・酸素族
存	自然テルル、シルバニア鉱など
地	0.005ppm
原	127.60
色/形	銀白色／固体
融/沸	449.8℃／991℃
密/硬	6240kg/m³／2.25
同	¹²⁰Te、★¹²¹ᵐTe、¹²¹Te、¹²²Te、★¹²³ᵐTe、★¹²³Te、¹²⁴Te など

電子配置　[Kr]4d¹⁰5s²5p⁴

Te

熱で構造が変化
書き換え可能なDVDやブルーレイディスクの記録層にテルルの合金が使われている

人体にとって必須元素の1つ

Iodine

ヨウ素

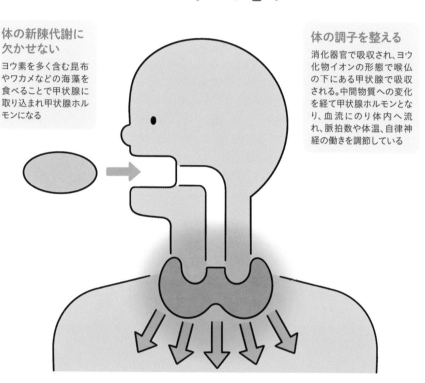

体の新陳代謝に欠かせない

ヨウ素を多く含む昆布やワカメなどの海藻を食べることで甲状腺に取り込まれ甲状腺ホルモンになる

体の調子を整える

消化器官で吸収され、ヨウ化物イオンの形態で喉仏の下にある甲状腺で吸収される。中間物質への変化を経て甲状腺ホルモンとなり、血流にのり体内へ流れ、脈拍数や体温、自律神経の働きを調節している

甲状腺ホルモンを作る元素

　甲状腺ホルモンがヨウ素の化合物であることから、人体にとって必須元素の1つ。ヨウ素が不足すると、すぐに甲状腺ホルモンが不足し骨軟化症や甲状腺障害に、日常的に不足すると新陳代謝や運動機能の低下につながる。ヨウ素は海水中に多く、海藻類などの体内に蓄積する。昆布やワカメなど、私たちにおなじみの食材に豊富に含まれるため、日本人は欠乏しづらいといえる。逆にヨウ素を過剰摂取すると、甲状腺が肥大化し甲状腺症や中毒症の原因となるので注意が必要だ。

　原子力発電所事故の場合は、放射性のヨウ素131の取り入れを防ぐため、ヨウ化カリウム（KI、安定ヨウ素剤）を服用し、甲状腺を保護する。

消毒薬として利用

　ヨウ素は殺菌作用や抗ウイルス作用をもつことから、消毒薬やうがい薬として使われてきた。消毒剤などとして医療現場でも手術の際にも活用されている。

　単体のヨウ素は常温、常圧では光沢のある黒紫色の固体。エタノールなどの有機溶媒にはよく溶けるが、水には溶けにくい。しかし、ヨウ化カリウムの水溶液の中にヨウ素を入れると、簡単にヨウ素を溶かすことができる。傷口の消毒に使われてきたヨードチンキは、ヨウ化カリウム水溶液を加えたヨウ素をエタノールで溶かしたものだ。

は、グルコース（ブドウ糖）がらせん状につながった、アミロースとアミロペクチンという2つの成分から構成されている。ヨウ素の分子が入り込むとアミロースは濃青色（のうせい）を、アミロペクチンは赤紫色を示すため、デンプンは青紫色を示す。

有名なヨウ素デンプン反応

　白色半透明のデンプンに、茶色のヨウ素を加えると瞬時に青紫色を示す。これを「ヨウ素デンプン反応」という。小学校や中学校の理科の授業で習うので、覚えている人も多いことだろう。デンプン

日本は世界第2位の生産量

　ヨウ素の工業用原料は0.3％のヨウ化カルシウム（CaI_2）を含むチリ硝石だ。2016年におけるヨウ素の世界の生産量は約3万3000tで、そのうち約60％をチリが、約30％を日本が占める。日本の産出量の約80％は千葉県産であり、南関東ガス田からヨウ素を多量に含むかん水が産出することに由来している。日本生産量の80％以上は輸出されており、資源小国日本にとって数少ない貴重な天然資源だ。

発見エピソード

1811年にフランスのクールトアが海藻灰から発見しその後ゲイ＝リュサックが新元素と確認。ヨウ素は常温でスミレ色の蒸気を発することから、スミレ色が元素名の由来に。

DATA

族	第17族
分	非金属・ハロゲン
存	チリ硝石、海藻、地下水など
地	0.14ppm
原	126.904 47
色／形	黒紫色／固体
融／沸	113.6℃／184.35℃
密／硬	4930kg/m³／—
同	★121、★123、★124、★125、★126、127、★128、★129、★130、★131、★132、★133、★134、★135

電子配置
[Kr]4d¹⁰5s²5p⁵

133

キセノン

Xenon

日本の偉業に貢献

キセノンガスを使ったイオンエンジンは小惑星探査機「はやぶさ」や「はやぶさ2」に搭載された

惑星探査機の軽量化に貢献

　キセノンは無色透明の重い気体。ヘリウムやネオン、アルゴンと同じ貴ガス元素だ。

　その特性から、宇宙探査機の動力源として活用される。探査機は空気のない宇宙空間を移動するため、燃料を燃やすための酸化剤を積む必要がある。しかし、エンジンを重くする原因となるため軽量化が求めら

れる。そこで、単原子分子、反応しにくさ、大きな原子量（質量）という特徴をもつキセノンをガス推進剤とするイオンエンジンが開発された。イオンエンジンは、プラスの電荷をもつキセノンイオンを作り、それを排出することで探査機の推進力を生み出す。大きな推力は出せないが、長時間の加速が可能というメリットがある。イオンエンジンの実用化は「はやぶさ」が世界初だった。

高輝度なキセノンランプ

キセノンはガラス管に入れて放電すると青白い光を放つことから、高輝度なキセノンランプが開発され、2000年以降自動車のヘッドライトやスポットライトなどに使われてきた。近年はさらに長寿命で消費電力の低いLED（発光ダイオード）ライトの登場により、現在、自動車のヘッドライトはLEDライトが主流となっている。一方、キセノンランプは光を当てて脱毛する光脱毛の光源などとして利用されている。

空気中から分留して製造

キセノンの語源のxenos（クセノス）はギリシャ語で「馴染みにくいもの」や「異邦人」という意味だ。不活性な貴ガスであるキセノンの揮発しにくさを表している。

キセノンは主に空気から取り出る。空気中に0.00087％（0.087ppm）と極微量に含まれる成分を分留して、高純度のガスを採取する。アルゴンやクリプトンなど、そのほかの存在比が少ないレアガ

スとともに、酸素や窒素を空気から分離する際の副産物として製造されることが多い。

肺の換気機能の検査にも

原子力発電所で生成される放射性同位体のキセノン133は肺の換気機能や脳血流の機能を診断するための検査用吸引ガスとして用いられている。体内に投与したキセノン133から放出される放射線を検出し、その分布を画像化することで機能の診断ができるのだ。

暗黒物質の検出装置にも搭載

キセノンは宇宙の謎の解明に一役買っている。宇宙の物質の約27％を占めるとされる正体不明のダークマター（暗黒物質）の解明に、液体キセノン（約マイナス100℃）を用いた検出装置が利用されているのだ。ダークマターがキセノン原子核と弾性散乱（エネルギーを失わずに衝突すること）する際に、液体キセノンが出す光を検出しようという試みだ。日本では液体キセノン約1 tを用いた観測を2019年まで行った。その後、約6 tを用いた大型の検出装置を使った、日本とアメリカや欧州を中心した国際共同実験が行われている。

発見エピソード

1898年にイギリスのラムゼーとトラバースが、液体空気の分留によりネオン、クリプトンに続いて、最も揮発しにくい部分からキセノンを発見した。

DATA

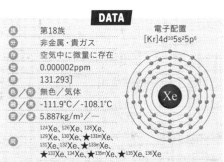

族	第18族
分	非金属・貴ガス
存地	空気中に微量に存在 0.000002ppm
原	131.293]
色/形	無色／気体
融/沸	-111.9℃／-108.1℃
密/硬	5.887kg/m³／−

電子配置
[Kr]4d¹⁰5s²5p⁶

同　124Xe、126Xe、128Xe、
129Xe、130Xe、★131mXe、
131Xe、132Xe、★133mXe、
★133Xe、134Xe、★135mXe、★135Xe、136Xe

アートな元素

実はアートと元素は切っても切れない関係にある。多くの人を魅了している
名画の数々も、元素があって初めて誕生することができたのだ。

ゴッホが使った
クロムイエロー

ムンクが使った
カドミウムイエロー

ゴッホ ひまわり

ムンク 叫び

1888年に描かれ豊
かな色彩が特徴
的。花瓶に生けら
れたひまわりは7枚
制作された

1893年に不安を
テーマに描かれた。
同じ構図を異なる
手法で描いた4パ
ターンも存在する

◆ 名画を彩ったイエロー ◆

　例えば誰もが知っているゴッホの「ひま
わり」。南フランスの太陽を思わせる黄色
が印象的な1枚だ。ゴッホは弟宛ての手紙
で黄色を絶賛するほど愛していたようだ。
「ひまわり」に使われている「クロムイエ
ロー」だが、クロム酸鉛が主成分であり有
害な六価クロムを含むため、現在は製造中
止になっている。

　同じイエローでも、観る人の不安感を掻

き立てるムンクの「叫び」で使われている
のが「カドミウムイエロー」だ。またフェ
ルメールは「鉛錫黄」を使っており、こち
らにも毒性があることはいうまでもない。

　このように名画を制作するには、鉱物か
ら採れる元素が欠かすことができない。「ク
ロムイエロー」や「カドミウムイエロー」
など、人体に有害なものも多いが、植物由
来の顔料にはない鮮やかな発色で多くの芸
術家たちを虜にした。ただ制作から時間が
たつにつれ、剥離や変色する作品も多くあ
り、修復が必要になるものもある。

ヨーロッパに愛された
古伊万里ブルー

食卓を彩る磁器。特に伊万里焼は、白地と藍青色の調和が美しく、海外でも人気が高い。この青の顔料は「コバルトブルー」を含んだ呉須（ごす）と呼ばれる。

古くは、豊臣秀吉による朝鮮出兵の際に現地から帰化した陶工たちによって、佐賀県の有田で日本初の磁器が作られたといわれている。その磁器は、有田の近くにある伊万里の港から出荷されたため、「伊万里焼」と称されるようになった。江戸期の物を古伊万里（初期伊万里と区別する場合もある）といい、17世紀中頃にヨーロッパへと輸出

され貴族らを中心に高い人気となった。その後、ドイツのマイセン誕生に影響を与えたといわれている。

食器を彩るコバルトブルー

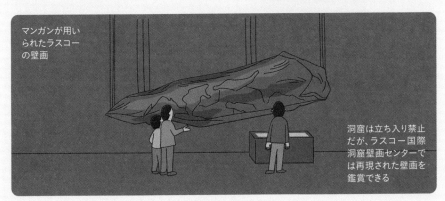

マンガンが用いられたラスコーの壁画

洞窟は立ち入り禁止だが、ラスコー国際洞窟壁画センターでは再現された壁画を鑑賞できる

約2万年前のアーティストが
使ったマンガン

人類が鉱物系の顔料で絵を描いた歴史は古い。フランス南西部、ラスコーの洞窟で発見された壁画は、旧石器時代後期のクロマニヨン人によって描かれたといわれる。大きな牡牛や動物の群れなど、2万年たつ今でも鮮やかな黒色や赤色、黄色が目を引

く。これらは二酸化マンガンや酸化鉄といった顔料で彩色されていた。描かれた動物の質感や遠近法の使用などから、絵を描く技術を持った人物の手によって制作されたものだと推測される。二酸化マンガンといえば、理科の授業で酸素を発生させる実験でおなじみの触媒だ。元素を知ることで、身の回りの物から古代のアートまで思いを馳せられるのもおもしろい。

1秒の基準となっている元素

Caesium

セシウム

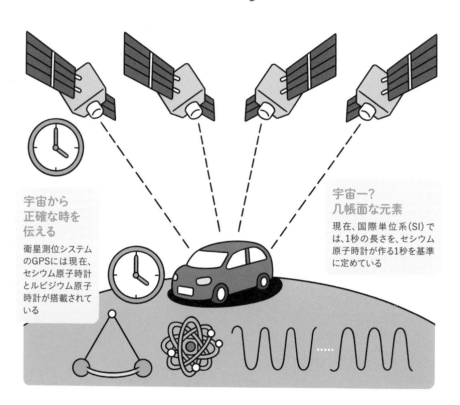

宇宙から正確な時を伝える

衛星測位システムのGPSには現在、セシウム原子時計とルビジウム原子時計が搭載されている

宇宙一？几帳面な元素

現在、国際単位系（SI）では、1秒の長さを、セシウム原子時計が作る1秒を基準に定めている

セシウム原子時計が1秒の基準

　セシウムは時間の基準となる物質で、現在、1秒の長さはセシウム原子時計が作る1秒を基準としている。国際単位系（SI）では、1秒を「セシウム133原子の基底状態の2つの超微細準位間の遷移に対応する放射の91億9263万1770周期の継続時間」と定義している。原子や分子には固有の振動数の光や電波を吸収し、放射する性質がある。セシウム原子の場合、マイクロ波と呼ばれる周波数の電波が吸収される。セシウム原子時計では、電波の振動が91億9263万1770回繰り返されたときを1秒と定義しているのだ。セシウム原子時計は非常に正確で、誤差は3000万年で1秒しかないといわれている。この正確性からGPS衛星に搭載されカーナビに活用されている。

反応性が高いアルカリ金属

単体のセシウムは非常にやわらかく黄色がかった銀白色の金属で、融点が28℃ほどと水銀の次に低いので液体になりやすい。水に入れると同じアルカリ金属のナトリウムやカリウムよりさらに激しく反応し、水素ガスを発生しながら水酸化セシウム（CsOH）になる。

DNAの研究に

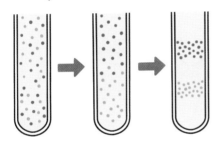

塩化セシウム（CsCl）は、DNAを分離させる「密度勾配遠心分離法」に用いられる。遠沈管に入れた塩化セシウムの溶液を遠心分離機にかけることで、塩化セシウムの密度が上部ほど低く、下部ほど高くなる。DNAを溶液に入れておくことで、密度がつりあう位置に分離されたDNAが集まり層になるため、DNAのわずかな密度の違いを検出することができる。DNAの複製に関する研究などの実験に役立てられている。

発見エピソード

1860年にドイツのブンゼンとキルヒホッフが鉱泉水の炎色反応の中から未知の輝線スペクトルを発見。両者は分光法の開発者でこの方法で初めて発見した元素がセシウムだ。

原発事故では環境汚染も

セシウムの人体への必須性や中毒症状は知られていない。しかし、放射性セシウムは、ナトリウムやカリウムという人体にとって大切な元素の化学的性質が似ているので、人体に取り込まれやすい。特に、放射性同位体のセシウム137は壊変してγ線を放出するため有害だ。

2011年の東日本大震災では、元来自然界にはないセシウム137とセシウム134（それぞれ半減期が30年、2年）が福島第一原発事故により放出され環境汚染が問題となった。特にキノコに高濃度に蓄積されていることが判明した。飛散した放射性セシウムは、土を作る粘土鉱物と電気的にくっつきやすい性質から、表層の土に吸着するとされている。

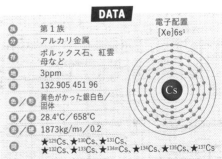

DATA

族	第1族
分	アルカリ金属
存	ポルックス石、紅雲母など
地	3ppm
原	132.905 451 96
色／形	黄色がかった銀白色／固体
融／沸	28.4℃／658℃
密／硬	1873kg/m³／0.2
同	★^{129}Cs、★^{130}Cs、★^{131}Cs、★^{132}Cs、★^{133}Cs、★^{134m}Cs、★^{134}Cs、★^{135}Cs、★^{137}Cs

電子配置 [Xe]6s¹

Cs

X線を通しづらくレントゲン撮影に利用

Barium

バリウム

飲みたくないけど検査に必須

胃のレントゲン撮影の際に飲む造影剤は硫酸バリウム。同時に二酸化炭素（CO_2）で胃を膨らませている

バリウムいえば、健康診断や検査で飲むドロドロした液体がおなじみだ。X線を通しにくい性質をもつため、胃壁に付着させることで、そのままでは写らない組織の輪郭を明確にできる。単体のバリウムは銀白色のやわらかい金属だが、レントゲン撮影で使う白い造影剤は硫酸バリウム（$BaSO_4$）という化合物に粘り気を出す物質や香料を添加したものだ。

硫酸バリウムは水や酸に溶けないので人体には無害だ。しかし、単体のバリウムは毒性が強く、摂取すると水と反応してイオン化し、吸収されて呼吸困難や神経系統の障害を起こす。

また、硫酸バリウム以外のバリウム化合物も多くが毒性をもつ。水溶性の炭酸バリウム（$BaCO_3$）は殺鼠剤や殺虫剤に使われているほどの高い毒性がある。

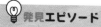
発見エピソード

ボローニャ石（重晶石の一種）は蛍光を示すことから17世紀から錬金術師が注目。1808年にデービーが発見源は新元素と考え金属バリウムを抽出。

DATA

族	第2族
分	アルカリ土類金属
存	重晶石、毒重石など
地	500ppm
原	137.327
色／形	銀白色／固体
融／沸	729℃／1898℃
密／沸	3510k/m³／1.25
同	^{130}Ba、★^{131}Ba、^{132}Ba、★^{133m}Ba、★^{133}Ba、^{134}Ba、^{135}Ba など

電子配置　[Xe]6s²

水素吸蔵合金として注目の元素

Lanthanum

ランタン

地殻の中に存在する銀白色のやわらかい金属。レアアースの一員で、近年は先端技術製品に欠かせない存在だ。ランタンとは「隠れる」を意味するギリシャ語で、発見された鉱物の中に隠れるように存在していたことからその名がついた。

現在、ランタンの化合物の酸化ランタン（La_2O_3）はセラミックコンデンサーなどに利用されている。また、ガラスに混ぜると屈折率が高くなるため、天体望遠鏡の光学レンズにも使われている。

近年、注目されているのがランタンとニッケルの合金だ。この合金は比較的簡単に水素を吸蔵したり、逆に水素を放出したりする性質をもつ。そのため、水素吸蔵合金として、燃料電池車などの蓄電材料に採用されている。

DATA

族	第3族
分	遷移金属・ランタノイド
存	バストネス石、モナズ石など
地	32ppm
原	138.905 47
色/形	銀白色／固体
融/沸	920℃／3461℃
密/硬	6145kg/m³／2.5
同	★¹³⁸La、¹³⁹La、★¹⁴⁰La

電子配置　[Xe]5d¹6s²

💡 発見エピソード

1803年に鉱物からベルセリウスらがセリウムを発見し、その36年後に教え子のモサンダーがセリウムのかげに隠れていたランタンを発見した。

星々への導き手

ランタンの酸化物はガラスに混ぜると屈折率が高くなることから、天体望遠鏡などの光学レンズに使用される

日焼けから目を守り大気も守る

Cerium

セリウム

58 | Ce

セリウムはランタノイドの中で地殻中に最も多く存在し、鉱物の中から見つかる。酸化セリウム（CeO_2）はガラスの研磨剤の材料で、レンズや液晶パネルなどに使われる。また酸化セリウム中の活性化した酸素は、排気ガス中の炭化水素（HC）や窒素酸化物（NOx）などを素早く分解する触媒としての効果がある。

DATA

族	第3族
分	遷移金属・ランタノイド
存	バストネス石、モナズ石など
地	68ppm
原	140.116
色／形	銀白色／固体
融／沸	799℃／3426℃
密／硬	6757kg/m³／2.5
同	^{136}Ce、^{138}Ce、★^{139}Ce、^{140}Ce、★^{141}Ce、^{142}Ce、★^{143}Ce、★^{144}Ce

電子配置　[Xe]$4f^15d^16s^2$

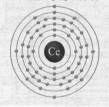

強い日差しをシャットアウト

酸化セリウムは紫外線を吸収するため、UVカットサングラスや自動車の窓ガラスに添加されている

存在量の多いレアアース

Praseodymium

プラセオジム

59 | Pr

プラセオジムは銀白色の金属。レアアースの一種だが存在量は多い。プラセオジムイエローと呼ばれる顔料として、陶磁器などに使われ、高温に強いので陶器の釉薬としても使われる。航空機のジェットエンジン用のマグネシウム合金への添加により強度が高くなる上、加工もしやすくなる。

DATA

族	第3族
分	遷移金属・ランタノイド
存	バストネス石、モナズ石など
地	9.5ppm
原	140.907 66
色／形	銀白色／固体
融／沸	931℃／3512℃
密／硬	6773kg/m³／―
同	^{141}Pr、★^{142}Pr、★^{143}Pr、★^{144m}Pr、★^{144}Pr

電子配置　[Xe]$4f^36s^2$

ものづくりを支える

酸化プラセオジム（Pr_6O_{11}）は青い光を吸収することから、溶接作業の際に使うゴーグルのガラスに添加されている

電気自動車のモーターに不可欠

Neodymium

ネオジム

　ネオジムは銀白色の金属。ネオジム磁石は現在、磁力が最も強い永久磁石であり、モーターやスピーカーの高性能化、超小型化に貢献した。パソコンのハードディスクドライブのほか、電気自動車（EV）のモーターや発電機といったクリーンエネルギー社会の実現に欠かせないものに使われるが、レアアースのため需要が高まっている。

強力な磁力を発揮

用途で最も知られているのは、ネオジム、鉄、ホウ素を主成分としているネオジム磁石

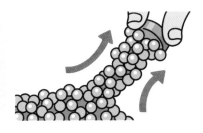

60 | Nd

DATA

族	第3族
分	遷移金属・ランタノイド
存	バストネス石、モナズ石など
地	38ppm
原	144.242
色／形	銀白色／固体
融／沸	1021℃／3068℃
密／硬	7007kg/m³／—
同	¹⁴²Nd、¹⁴³Nd、★¹⁴⁴Nd、¹⁴⁵Nd、¹⁴⁶Nd、★¹⁴⁷Nd、¹⁴⁸Nd、★¹⁴⁹Nd など

電子配置　[Xe]4f⁴6s²

寿命が短い放射性元素

Promethium

プロメチウム

　プロメチウムは地球上にはほとんど存在せず、核分裂などにより人工的に作られる元素だ。全て放射性同位体で、寿命が短く、最も長いプロメチウム145でも半減期が17.7年しかない。高い放射性をもち、暗所で青白色や緑色の蛍光を発するため、かつては夜光塗料などに使われていた。元素名はギリシャ神話の「プロメテウス」に由来している。

遠い宇宙を旅する原動力

宇宙探査機のエネルギー源となる原子力電池での活用などに期待が寄せられている

61 | Pm

DATA

族	第3族
分	遷移金属・ランタノイド
存	ウラン鉱の自発核分裂
地	極微量
原	(145)
色／形	銀白色／固体
融／沸	1168℃／約2727℃
密／硬	7220kg/m³／—
同	★¹⁴⁵Pm、★¹⁴⁶Pm、★¹⁴⁷Pm、★¹⁴⁹Pm、★¹⁵¹Pm

電子配置　[Xe]4f⁵6s²

熱に強い磁石を作る

Samarium

サマリウム

　銀白色のやわらかい金属で、主な用途は磁石。コバルトと組み合わせると強力な永久磁石になる。磁力はネオジム磁石よりも少し小さいものの、熱に強くさびにくいという特徴があり、自動車のアンチロック・ブレーキシステム（ABS）の磁気センサーなどに使われている。1879年にボアボードランが発見した。

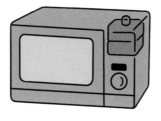

熱に強い磁石に

熱にも強いため、サマリウムコバルト磁石として電子レンジのマイクロ波を発生させる機器に利用されている

| 62 | Sm |

DATA

族	第3族
分	遷移金属・ランタノイド
存	バストネス石、モナズ石など
地	7.9ppm
原	150.36
色／形	銀白色／固体
晶／沸	1072℃／1791℃
密／硬	7520kg/m³／―
同	^{144}Sm、★^{147}Sm、★^{148}Sm、^{149}Sm、^{150}Sm、★^{151}Sm、^{152}Sm など

電子配置　[Xe]4f⁶6s²　→ 電子配置　$[Xe]4f^6 6s^2$

カラーテレビに使われていた元素

Europium

ユウロピウム

　ユウロピウムは銀白色のレアアースで、産出量が少ない。以前はブラウン管テレビに使われていた。錯体（化合物の一種）には紫外線を当てると赤、青、緑の光を発するものがあり、特に三価は赤い色の蛍光体に利用される。1896年にドマルセが当時サマリウムだと考えられていた物質から分離した。

Europium

蛍光体での利用が進む

印刷物の偽造を防ぐセキュリティ印刷やLED分野などでの利用が期待されている

| 63 | Eu |

DATA

族	第3族
分	遷移金属・ランタノイド
存	バストネス石、モナズ石など
地	2.1ppm
原	151.964
色／形	銀白色／固体
晶／沸	822℃／1597℃
密／硬	5243kg/m³／―
同	^{151}Eu、★^{152}mEu、★^{152}Eu、^{153}Eu、★^{154}Eu、★^{155}Eu など

電子配置　$[Xe]4f^7 6s^2$

磁性を示し医療現場などで利用

Gadolinium

ガドリニウム

約18℃以下になると強磁性を示す数少ない元素で、化合物は造影剤に利用され、医療用MRI（磁気共鳴画像）装置で脳の炎症などを検出する際に投与される。全ての元素の中で最も中性子を吸収しやすいことから、原子力発電所で核分裂を制御するため、原子炉の制御材料に用いられている。また、核燃料の一部に添加される場合もある。

DATA

族	第3族
分	遷移金属・ランタノイド
存	バストネス石、モナズ石など
地	7.7ppm
原	157.25
色／形	銀白色／固体
融／沸	1312℃／3266℃
密／硬	7900.4kg/m³／―
同	★¹⁵²Gd、★¹⁵³Gd、¹⁵⁴Gd、¹⁵⁵Gd、¹⁵⁶Gd、¹⁵⁷Gd、¹⁵⁸Gd など

電子配置 [Xe]4f⁷5d¹6s²

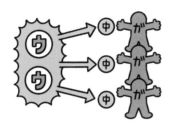

原子炉の安定に欠かせない

原子炉の反応度の調整を行ったり、原子炉の緊急停止用剤に用いられている

磁化の方向で伸縮する元素

Terbium

テルビウム

物質が磁石になることを「磁化」というが、テルビウムは磁化の方向により材料が伸び縮みする磁歪（じわい）という性質をもつ。この性質を強化した鉄・ジスプロシウム-テルビウム合金は、電動アシスト自転車のトルクセンサーやプリンターの印字ヘッドにも利用されている。レアアースであるため、日本はオーストラリアの鉱山採掘事業に参画して供給確保を行う。

DATA

族	第3族
分	遷移金属・ランタノイド
存	バストネス石、モナズ石など
地	1.1ppm
原	158.925 354
色／形	銀白色／固体
融／沸	1356℃／3123℃
密／硬	8229kg/m³／―
同	★¹⁵⁷Tb、¹⁵⁹Tb、★¹⁶⁰Tb、★¹⁶¹Tb

電子配置 [Xe]4f⁹6s²

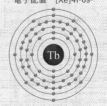

なめらかな走行をアシスト

ペダルを踏み込む力を測定するセンサーに使われている

パソコンや家電に広く利用

Dysprosium

ジスプロシウム

　ジスプロシウムは、高温下で高い磁力を保てるレアアースであり非常に高価かつ希少な元素だ。強力なネオジム磁石の温度を上げると磁力が低下するという弱点を補うため、ジスプロシウムが添加されたものが、家電製品か自動車などに幅広く使われている。しかし近年は、希少性や地勢的リスク回避のため脱ジスプロシウムが進む。

光エネルギーを蓄える

光エネルギーを貯め、発光体に渡す性質から非常口のサインなどに利用される

66 | Dy

DATA

族	第3族
分	遷移金属・ランタノイド
存	ゼノタイム、バストネス石、モナズ石など
地	6ppm
原	162.500
色/形	銀白色/固体
融/沸	1412℃/2562℃
密/硬	8550kg/m³/─
同	156Dy、★157Dy、158Dy、160Dy、161Dy、162Dy、163Dy、164Dy など

電子配置　[Xe]4f¹⁰6s²

Dy

最先端の医療現場で活躍

Holmium

ホルミウム

　ホルミウムは医療で用いるレーザーに使われている。イットリウム・アルミニウム・ガーネットにホルミウムを添加したホルミウムYAGレーザーは、水に吸収されやすく、体に影響を与える深さが浅い。そのため、組織を深く傷つけることなく組織の切開・止血・凝固などの手術や尿路結石の破砕を行うことができる。

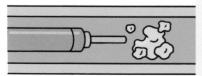

繊細な手術に利用

目的の組織だけを治療できるため、尿路結石の破砕や前立腺の手術などで活躍

67 | Ho

DATA

族	第3族
分	遷移金属・ランタノイド
存	ガドリン石など
地	1.4ppm
原	164.930 329
色/形	銀白色/固体
融/沸	1474℃/2395℃
密/硬	8795kg/m³/─
同	165Ho、★166mHo、166Ho

電子配置　[Xe]4f¹¹6s²

Ho

インターネットを発展させた元素

Erbium

エルビウム

実はエルビウムは今日のIT社会に欠かせない元素だ。現在、地球の海底には光ファイバー網が張り巡らされており、私たちはこの光ファイバーを使って、インターネットによる大容量の高速通信を行っている。光ファイバーは石英ガラスでできており、開発当初、距離が長くなると光の信号が減衰してしまうという課題を抱えていた。その課題を克服したのが、伝送損失が極めて少ない波長帯域の1.5μm（マクロメートル）ほどで光を増幅できる性質をもつエルビウムを添加した光ファイバー増幅器（EDFA）の開発だ。従来は減衰した光を中継器で一度電気信号に変換する必要があったが、EDFAにより光を電気信号に変換することなく増幅できるようになったのだ。

発見エピソード

1843年にスウェーデンのモサンダーがガドリン石から分離。エルビウムの元素名はガドリン石が産出されるイッテルビーという町の名に由来。

DATA

族	第3族
分類	遷移金属・ランタノイド
存在地	ガドリン石など
	3.8ppm
原	167.259
色／形	銀白色／固体
融／沸	1529℃／2863℃
密／硬	9066kg/m³／—
同	¹⁶²Er、¹⁶⁴Er、¹⁶⁶Er、¹⁶⁷Er、¹⁶⁸Er、★¹⁶⁹Er、¹⁷⁰Er、★¹⁷¹Er

電子配置　[Xe]4f^{12}6s^2

Er

海底で世界中をつなぐ

光ケーブルは、8000mもの深海にも設置され、世界全体で地球30周分もの長さになるという

68 | Er

幅広い分野で使われる希少な元素

Thulium

ツリウム

ピンポイントで患部に届く

ツリウムを使った医療用レーザーは、高出力だが体の組織への深達度が浅いことがメリットだ

　ツリウムはエルビウム同様、光ファイバー増幅器に利用されている。ツリウムが用いられている増幅器は、エルビウムが添加された増幅器が対応できない波長帯（Sバンド）の光を増幅できるという特徴をもち、光ファイバーの伝送容量を増やすことができる。ツリウムを添加した光ファイバーは、ファイバーレーザーとして軍事や航空の分野で活用されている。また、ツリウムレーザーを活用した医療用レーザー装置もあり、前立腺の手術でも役立っている。

　放射性同位体のツリウム170は、携帯型のX線源として使用でき、歯の診断やがんの放射線治療に使われている。

　ホルミウムとともに発見されたレアアースでバストネス石などに含まれるが、存在量が際立って少ない。

 発見エピソード

1879年にクレーベがホルミウムとともに発見した。元素名はスカンジナビア半島の古名「ツーレ(Thule)」に由来するなど諸説ある。

DATA

族	第3族
分	遷移金属・ランタノイド
存	ガドリン石など
地	0.48ppm
原	168.934 219
色/形	銀白色／固体
融/沸	1545℃／1947℃
密/硬	9321kg/m³／―
同	¹⁶⁹Tm、★¹⁷⁰Tm、★¹⁷¹Tm

電子配置　[Xe]4f¹³6s²

Tm

フェムト秒レーザーなどで活躍

Ytterbium

イッテルビウム

1878年に硝酸エルビウムから分離されたレアアースで、単体では銀白色のやわらかい金属だ。希少性は当然高い。

用途としては、黄緑色のガラスの着色剤や、フェムト秒ファイバーレーザーへの添加剤などがある。イッテルビウムを添加したファイバーレーザーはフェムト秒（1000兆分の1秒）という超短パルス幅をもつレーザーとして、金属加工や医療の用途で使われている。

近年、イッテルビウム磁性体が磁気冷却で絶対零度（マイナス273.15℃）近くの極低温まで冷せる冷却材としての機能になることが確認された。価格高騰が続く現在主流のヘリウムに代わる極低温冷却材として、量子コンピューターの冷却などへの利用が期待されている。

DATA

族	第3族
分	遷移金属・ランタノイド
存	ゼノタイムなど
地	3.3ppm
原	173.045
色/形	銀白色/固体
融/沸	824℃/1193℃
密/硬	6965kg/m³/—
同	168Yb、★169Yb、170Yb、171Yb、172Yb、173Yb、174Yb、★175Yb、176Yb、★177Yb

電子配置　[Xe]4f¹⁴6s²

Yb

第6周期

70
Yb

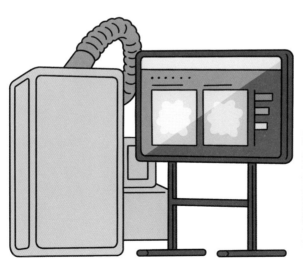

コンピューターを熱から守る

周囲の磁界を変化させる物質の磁性体から磁界を離すと温度が下がる「磁気熱量効果」を利用。イッテルビウム磁性体は、従来より温度をとても低くできる

Lutetium

ルテチウム

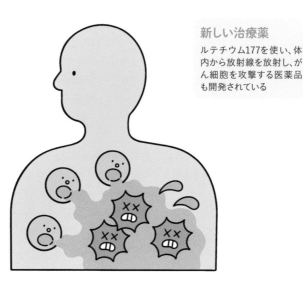

新しい治療薬

ルテチウム177を使い、体内から放射線を放射し、がん細胞を攻撃する医薬品も開発されている

半減期がポイント

放射性核種（物質）を含む抗体を投与し、体内から治療する内用療法を放射線免疫療法という。ルテチウム177は半減期が約6.7日と十分にあることから注目されている

ルテチウムは銀白色の金属で、レアアースのなかでツリウムと並んで最も希少で高価。1907年に15種類あるランタノイドの中で最後に自然から見つかった元素だ。1803年に最初に見つかったセリウムから約1世紀かかっている。

ルテチウムの主な用途は、医療現場で使用されるPET（陽電子放出断層撮影）診断だ。PETは、陽電子を放出する薬剤を人体に投与し、その陽電子と電子がつくことで放出するγ線を測定する検査方法だ。このγ線を捉える検出器のシンチレーターとして、セリウムを添加したケイ酸ルテチウム（Lu_2SiO_5）が使われている。PETではそれにより薬剤が細胞に集まる様子などを観察することで、がん細胞の位置や大きさ、範囲などを断している。

発見エピソード

1907年にランタノイドの中で最後に発見された。フランスの首都パリの古名「Lutetia」にちなみ、パリ出身のユルバンが名づけた。

DATA	
族	第3族
分類	遷移金属・ランタノイド
存在	ゼノタイムなど
地殻	0.51ppm
原子量	174.9668
色/形	銀白色／固体
融点/沸点	1663℃／3395℃
密度/硬度	9840kg/m³／―
同位体	^{175}Lu、★^{176m}Lu、★^{176}Lu、★^{177}Lu

電子配置　[Xe]4f¹⁴5d¹6s²

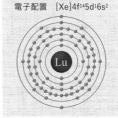

原子炉の制御棒で活躍

Hafnium

ハフニウム

ハフニウムは銀白色の重い金属で、延性に富む。空気に触れると酸化するが、丈夫な酸化皮膜を作るので内部は腐食されにくい。デンマークの物理学者ボーアがその存在を予言し、後に、鉱石ジルコン（$ZrSiO_4$）からX線分析によって発見された。人工元素を除くと、最後から2番目に発見された。

周期表で真上に位置するジルコニウムと化学的な性質が非常によく似ているうえ、ジルコニウム鉱石に一緒に含まれている。しかし、中性子に対する性質は全く異なり、ハフニウムは中性子をよく吸収することができる。また腐食に強く耐久性もあり、原子炉内でウランの核分裂連鎖反応を抑える役割を果たす制御棒の材料として使われている。

レアメタルだが、世界的に供給は安定している。

発見エピソード

1923年、ボーアが設立した研究所所属の2人の研究者がX線分析により発見。元素名はコペンハーゲンのラテン名「Hafnia」にちなんで命名。

DATA

族	第4族
分	遷移金属
存	ジルコニウム鉱石など
地	5.3ppm
原	178.486
色／形	銀白色／固体
融／沸	2230℃／5197℃
密／硬	13310kg/m³／5.5
同	^{174}Hf、★^{175}Hf、^{176}Hf、^{177}Hf、^{178}Hf、^{179}Hf、★^{180m}Hf、^{180}Hf など

電子配置　$[Xe]4f^{14}5d^26s^2$

Hf

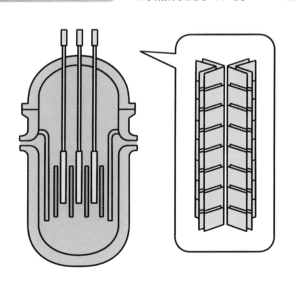

核分裂を抑制

ハフニウムを材料とした板を組み合わせた形状の制御棒は、原子炉格納容器内で燃料に差し込まれる

Ta

73 Ta

Tantalum

タンタル

雑音や混線を防ぐ
通信端末に搭載され、特定周波数帯域の電波を拾い出すことができるSAWフィルターに、タンタル酸リチウムが使われる

家電を動かす小さな働き者
酸化タンタルをコンデンサーに使うことで、従来のチップ積層セラミックコンデンサーよりも小型・軽量化、大容量化が可能となり、スマホやパソコンに電子部品の材料として不可欠な元素となった

　単体のタンタルは銀白色で硬く丈夫な金属。化学的な性質はニオブと非常に似ている。融点は2985℃と高く王水にも溶けないほど腐食に強い。そのため、耐腐食性のタンタルータングステンーコバルト合金やタンタルータングステンーモリブデン合金は化学プラントの装置などに使われている。また、タンタルは人体に無害でよくなじむため、人工骨や人工関節、歯のインプラント治療に使われている。

　加えて、酸化タンタル（Ta_2O_5、五酸化タンタル）は、電気回路中などで電気を蓄えたり、電気を整流したりするコンデンサーに使われている。タンタル電解コンデンサーは、小型で大容量なので、スマートフォンやパソコンの小型・軽量化に貢献した。

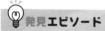

発見エピソード
1802年にスウェーデンのエーケベリがニオブとタンタルの混合物を発見。1846年にドイツのローゼがニオブを分離したことでタンタルを確認。

DATA
族	第5族
分	遷移金属
存	タンタル石、サマルスキー石など
地	2ppm
原	180.947 88
色／形	銀白色／固体
融／沸	2985℃／5510℃
密／硬	16654kg/m³／6.5
同	★180Ta、181Ta、★182Ta

電子配置　[Xe]4f145d36s2

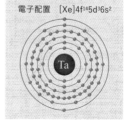

熱に非常に強い金属元素

Tungsten

タングステン

単体のタングステンは、銀白色で重い。鉄マンガン重石などから精製されるレアメタルの一種で、日本では「レアメタル7鉱種」として、国が備蓄をしている。

高密度で硬い特徴をもつ。タングステンと炭素の化合物の炭化タングステン（WC）は、ダイヤモンド、炭化ホウ素（B_4C）に次いで硬いため、切削工具や機械の材料として重宝されている。また、融点が3407℃と、全ての金属元素の中で最も高いため、高熱を発する白熱電球のフィラメントに使われた。

身近な用途として、近年は「タングステン耐切創手袋」が開発されている。タングステンを細い糸状に加工して化学繊維などに編み込みこむことで、一般的なステンレスと比べて3倍以上の硬さになるという。

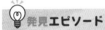

発見エピソード

1781年スウェーデンのシェーレが灰重石から酸化タングステンを分離。2年後にスペインのエルヤル兄弟が金属のタングステンを単離した。

DATA

族	第6族
分	遷移金属
存	灰重石、鉄マンガン重石など
地	1ppm
原	183.84
色／形	銀白色／固体
融／沸	3407℃／5555℃
密／硬	19300kg/m³／7.5
同	180W、★181W、182W、183W、184W、★185W、186W、187W、★188W

電子配置　[Xe]$4f^{14}5d^46s^2$

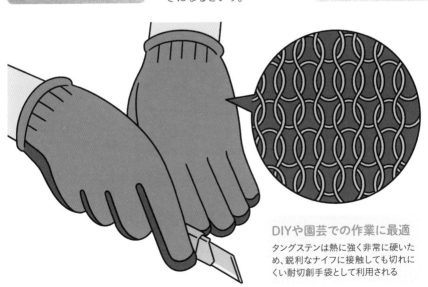

DIYや園芸での作業に最適

タングステンは熱に強く非常に硬いため、鋭利なナイフに接触しても切れにくい耐切創手袋として利用される

Rhenium

レニウム

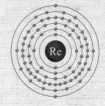

1925年にドイツの化学者が発見。天然元素の中で2番目に遅く発見された。1908年に小川正孝が43番元素「ニッポニウム」だと主張していた元素は、のちにこのレニウムであったと判明した。レニウムはタングステンに次いで融点が高いため、ジェットエンジンやロケットエンジン用の超耐熱合金などとして使われている。

エコな飛行に貢献

高温に耐えられる合金を使用することで、エンジンの燃焼効率が高くなる

DATA

族	第7族
分	遷移金属
存	輝水鉛鉱など
地	0.0004ppm
原	186.207
色／形	銀白色／固体
融／沸	3180℃／5596℃
密／硬	21020kg/m³／7
同	★183Re、185Re、★186Re、★187Re、★188Re

電子配置　[Xe]4f¹⁴5d⁵6s²

電子配置　$[Xe]4f^{14}5d^{5}6s^{2}$

万年筆などに使われる硬い元素

Osmium

オスミウム

密度が高くイリジウムとともに最も重い元素。オスミウムとイリジウムの合金は酸やアルカリへの耐久性が高いため、万年筆のペン先やレコード針に利用されている。酸化した四酸化オスミウム（OsO_4）は、融点が42℃と低く気化しやすいため猛毒の気体となる。低濃度でもとても強い刺激を与え、結膜炎や気管支炎、肺炎を引き起こす。

手書きの楽しさを演出

万年筆のペン先、ペンポイントに、紙との摩擦に耐えられるよう、イリジウムとオスミウムの合金が使われている。

DATA

族	第8族
分	遷移金属
存	白銀鉱など
地	0.0004ppm
原	190.23
色／形	青みがかった銀白色／固体
融／沸	3045℃／5012℃
密／硬	22570kg/m³／7
同	184Os、★185Os、186Os、187Os、188Os、189Os、190Os、★191mOs など

電子配置　$[Xe]4f^{14}5d^{6}6s^{2}$

恐竜絶滅の仮説を示す元素

Iridium

イリジウム

イリジウムは、金属の中で最も腐食しにくく、熱した王水でもほとんど溶けない性質をもつ。一方で、硬くてもろいため加工性に難があり、合金の素材に用いられる。白金との合金は摩耗と腐食に強いため、電気分解の際に使う不溶解電極、電子部品の接点材料などに利用されている。また、1889年から重さの単位の基準となっていたが、2019年に役目を終えた「国際キログラム原器」は白金とイリジウムの合金だ。

イリジウムはとても重い元素で、地球の地殻にはあまりないが、隕石に多く含まれる。約6500万年前、恐竜が絶滅した頃の地層には地殻にあまりないイリジウムがほかの層と比べ20〜160倍含まれているため、当時、巨大隕石が落下したという仮説の根拠となっている。

発見エピソード

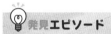

1803年、イギリスの化学者テナントが白金鉱を王水に溶かした後の残留物からオスミウムとともに発見した。

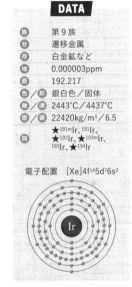

DATA

族	第9族
分	遷移金属
存	白金鉱など
地	0.000003ppm
原	192.217
色／形	銀白色／固体
融／沸	2443℃／4437℃
密／硬	22420kg/m³／6.5
同	★^{191m}Ir、^{191}Ir、★^{192}Ir、★^{193m}Ir、^{193}Ir、★^{194}Ir

電子配置　[Xe]4f^{14}5d^{7}6s^2

Ir

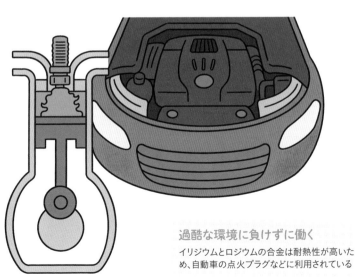

過酷な環境に負けずに働く

イリジウムとロジウムの合金は耐熱性が高いため、自動車の点火プラグなどに利用されている

触媒として幅広く活躍

Platinum

白金

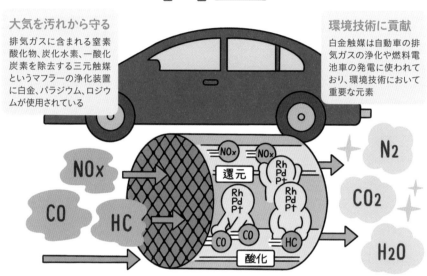

大気を汚れから守る

排気ガスに含まれる窒素酸化物、炭化水素、一酸化炭素を除去する三元触媒というマフラーの浄化装置に白金、パラジウム、ロジウムが使用されている

環境技術に貢献

白金触媒は自動車の排気ガスの浄化や燃料電池車の発電に使われており、環境技術において重要な元素

NOx　CO　HC　還元　NOx　NOx　Rh Pd Pt　Rh Pd Pt　Rh Pd Pt　CO　CO　HC　酸化　N2　CO2　H2O

　プラチナとも呼ばれ、銀白色の美しい輝きをもつ金属で、化学的に安定していることから指輪やネックレスなどの宝飾品に使われる。酸に強く王水以外には溶けず、熱にも強い。

　白金は、特定の化学反応を速く進行させる「触媒」として非常に重要な存在だ。白金触媒は酸化反応、還元反応のいずれにも効果が高く、化学物質の合成や石油の精製などに使われている。さらに、自動車における環境汚染への対策技術にも役立てられている。

　白金は、癌治療でも活躍している。これは、白金を含むシスプラチンという抗がん剤が、DNAなどと結合して抗がん効果を発揮するためだ。副作用もあるが、現在は対策もされ、多くのがんに対して使われている。

発見エピソード

白金は古くから利用されてきたが、1748年にスペインのウロアが著書に記載したことで、ヨーロッパで広く知られるようになった。

DATA

族	第10族
分	遷移金属
存	白金鉱など
地	0.001ppm
原	195.084
色／形	銀白色／固体
融／沸	1769℃／3827℃
密／硬	21450kg/m³／3.5
用	^{190}Pt, ^{192}Pt, ★^{193m}Pt, ★^{193}Pt, ^{194}Pt, ^{195m}Pt, ^{196}Pt, ★^{197}Pt, ^{198}Pt, ★^{199}Pt

電子配置　[Xe]4f¹⁴5d⁹6s¹

黄金色の輝きをもつ唯一の元素

Gold

金

　金は黄金色の輝きをもつ唯一の金属元素だ。耐食性が非常に高く、自然界では単体で存在している。そのため、銅とともに古くから知られる金属だ。富と権力の象徴として、古代エジプトの王ツタンカーメンの黄金のマスクは有名だ。

　金は、金貨や金本位制という形で経済にも組み込まれた。日本では、16世紀中ごろに金山と銀山の開発が盛んになり、武田信玄が甲州金、豊臣秀吉が天正長大判という金貨を作らせ、流通した。今でも「有事の備え」として国の中央銀行などが金を保有している。現代の産業でも有用な元素であり、高い耐食性から電機部品を酸化から守るメッキに利用される。また、電気伝導率の高さなどから、コンピューターの半導体素子や電子回路の基板にも欠かせない。

💡発見エピソード

古代から富の象徴として利用されてきた。そのため、発見者は不明。元素名の「Au」はラテン語の「太陽の輝き」を意味する「aurum」にちなむ。

DATA

族	第11族
分	遷移金属
存	自然金など
地	0.0011ppm
原	196.966 570
色／形	黄金色／固体
融／沸	1064.18℃／2857℃
密／同	19320kg/m³／2.5
同	★¹⁹⁵Au、★¹⁹⁷ᵐAu、¹⁹⁷Au、★¹⁹⁸Au、★¹⁹⁹Au

電子配置　[Xe]4f¹⁴5d¹⁰6s¹

装飾品から通貨まで人を魅了する金

経済不況でも高い資産価値を誇る金。江戸時代には、米中心経済から、金中心経済へと転換し、一両金貨として広く流通した。

常温で液体の不思議で毒性が強い元素

Mercuy

水銀

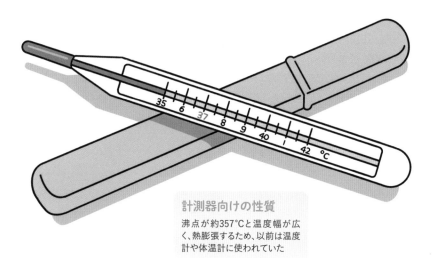

計測器向けの性質
沸点が約357℃と温度幅が広く、熱膨張するため、以前は温度計や体温計に使われていた

　銀白色の水銀は常温で唯一液体の金属元素だ。水のような銀という意味で、水銀と呼ばれる。ヨーロッパで紀元前1～紀元4世紀に書かれた書物の中には、硫化水銀からなる鉱物の辰砂から水銀を作る方法が記載されている。

　水銀は温度が上がるにつれて、一定の割合で膨張していくという特徴があり、温度計や体温計に使われてきた。水銀と聞くと毒性を思い浮かべるだろう。自然界には、単体の金属水銀、無機水銀、有機水銀（主にメチル水銀）の3つの形態で存在する。単体の水銀は気化しやすいため大量に吸引すると中毒を起こし、無機水銀は腐食性から細胞にダメージを与える。有機水銀は水俣病の原因であり、体内に入るとたんぱく質の機能を阻害してしまう。

発見エピソード
古代より知られ、発見者は不明。元素記号のHgはギリシャ語源のラテン語の「hydrargyrum」で「水のような銀」という意味だ。

DATA

族	第12族
分	金属・亜鉛族
存	辰砂など
地	0.05ppm
原	200.592
色／形	銀白色／液体
融／沸	-38.842℃／356.58℃
密／硬	13546kg/m³／1.5
同	¹⁹⁶Hg、★¹⁹⁷ᵐHg、★¹⁹⁷Hg、¹⁹⁸Hg、¹⁹⁹Hg、²⁰⁰Hg、²⁰¹Hg、²⁰²Hg、★²⁰³Hg、²⁰⁴Hg、★²⁰⁶Hg

電子配置　[Xe]4f¹⁴5d¹⁰6s²

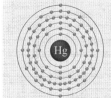

毒性が強いが医療分野でも利用

Thallium

タリウム

　タリウムの化合物は無味無臭だが、毒性が強い。体内に入ると半日から1日程度で、嘔吐や頭痛などの症状が現れ、重篤な場合は死に至る。以前は酢酸タリウム（$TlC_2H_3O_2$）や硫酸タリウム（Tl_2SO_4）が殺鼠剤やシロアリの殺虫剤として使われてきた。少量でも継続して摂取すると体内に蓄積し徐々に衰弱して死に至ることから、現在では使用されていない。

　その一方で、タリウムは医療の現場でも活躍している。放射性同位体のタリウム201は体内に投与すると心筋細胞内に取り入れられやすい。γ線を放出することから、核医学検査の造影剤として使われているのだ。また、脳腫瘍や甲状腺腫瘍の画像診断にも用いられている。

発見エピソード

1861年にイギリスのクルックスが硫酸工場の残留物を分光分析して発見し、タリウムと命名。同時期、フランスのラミーも分光分析により発見。

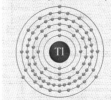

DATA

族	第13族
分	金属・ホウ素族
存	クルックス鉱など
地	0.6ppm
原	[204.382,204.385]
色／形	銀白色／固体
融／沸	303.5℃／1473℃
密／電	11850kg/m³／1.2
同	★^{200}Tl、★^{201}Tl、★^{202}Tl、^{203}Tl、★^{204}Tl、^{205}Tl、★^{206}Tl、★^{207}Tl、★^{208}Tl、★^{209}Tl、★^{210}Tl

電子配置　$[Xe]4f^{14}5d^{10}6s^26p^1$

恐ろしすぎる元素

タリウム化合物は無味無臭だが毒性が強いことから、要人の暗殺や殺鼠（さっそ）剤として使われてきた

有毒だが古代から使われてき元素

Lead

鉛

教科書でも おなじみ

代表的な二次電池として、酸化と還元のしくみを知るために化学教科書にも登場する。劇薬の希硫酸が使われるため扱いは注意が必要だ

自動車の発展 を支えた

鉛蓄電池は、1859年にフランス人が発明。その後、1950年代に普及した自動車用の電池として使用されてきた

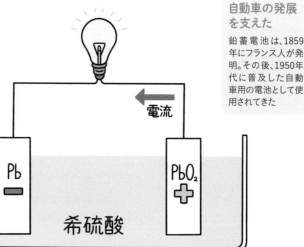

電流

Pb

PbO₂

希硫酸

鉛はやわらかく、常温でも加工しやすい。そのため、人類は古くから鉛を利用し、医薬品や顔料として使ってきた。また、古代ローマ時代には水道管などに用いられた。

簡単な構造で充放電ができる鉛蓄電池が開発され、自動車のバッテリーなどに利用されてきた。電解液である希硫酸の中に鉛の電極板を入れた構造の二次電池で、正極に二酸化鉛、負極に鉛が使われている。しかし、鉛の有毒性が明らかになったため、現在では、環境や人体への配慮からリチウムイオン電池へと移行している。

💡 発見エピソード

金・銀・銅などとともに古代から使われてきた金属で発見者は不明。やわらかく加工しやすいため、古代ローマでは水道管などに広く利用された。

鉛はその密度の高さから、X線やγ線などの放射線の遮蔽能力が高い。そのため、レントゲン撮影の防護エプロンに使われ生殖腺を守る役割を果たしている。

DATA

族	第14族
分	金属・炭素族
存	方鉛鉱、硫酸鉛鉱、白鉛鉱など
地	14ppm
原	[206.14,207.94]
色/形	銀白色/固体
融/沸	327.5℃/1750℃
密/	11350kg/m³/1.5
同	²⁰⁰Pb、★²⁰¹Pb、★²⁰²ᵐPb、★²⁰²Pb、★²⁰³Pb、²⁰⁴Pb など

電子配置 　[Xe]4f¹⁴5d¹⁰6s²6p²

新しい高温超伝導体の材料に期待

Bismuth

ビスマス

　ビスマスは融点が271.4℃と低く簡単に融け、鉛と異なり無害だ。この性質を利用し、液体のビスマスを冷却しカラフルで美しい結晶を作る実験が広く知られている。ビスマス、鉛、スズ、カドミウムの合金の融点が低いことを利用し、火災の熱で融け、水が噴き出すスプリンクラーの口金にも使われる。

　また、近年注目されているのが、高温超伝導体としての用途だ。ビスマス、ストロンチウム、カルシウム、銅、酸素の化合物はマイナス160℃程度と比較的高い温度で超伝導状態となるため、超伝導ケーブルに使用されている。これを使った直流送電は電気抵抗がゼロなので、電力を損失することなく送電できる。大規模工場の電気インフラに使われる。

DATA

族	第15族
分	半金属・窒素族
存	輝蒼鉛鉱、ビスマイトなど
地	0.048ppm
原	208.980 40
色/形	銀白色／固体
融/沸	271.4℃／1561℃
密/硬	9747kg/m³／2.25
同	★²⁰⁶Bi、★²⁰⁷Bi、★²⁰⁸Bi、★²⁰⁹Bi、★²¹⁰Bi、★²¹¹Bi、★²¹²Bi など

電子配置　[Xe]4f¹⁴5d¹⁰6s²6p³

83 Bi

第6周期

83

Bi

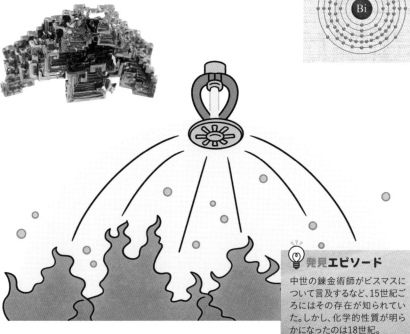

発見エピソード

中世の錬金術師がビスマスについて言及するなど、15世紀ごろにはその存在が知られていた。しかし、化学的性質が明らかになったのは18世紀。

161

放射性同位体

放射線を放出して崩壊するのが放射性同位体と呼ばれるもの。一部の放射線
は人体に有害だが、医療をはじめ、さまざまな分野で利用されている。

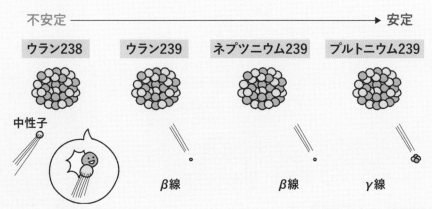

不安定 ──────────────────────────────────→ 安定

ウラン238　　ウラン239　　ネプツニウム239　　プルトニウム239

中性子

β線　　　　　β線　　　　　γ線

元素によっては、安定な同位
体となるまで何度も崩壊をく
り返すこともある

◆ 放射性元素の原子は放射線を ◆ 出して安定化しようとする

　同じ原子番号の元素であっても中性子の
数で質量数の違う同位体があることはP14
で解説したとおり。同位体には長い時間変
化をしない「安定同位体」と放射能をもつ
「放射性同位体」がある。放射性同位体は、
原子核が不安定な状態だ。そのため原子核
が崩壊し放射線を放出し、安定した状態に
移行していく。人工的なものを含めれば、
全ての元素に放射性同位体が存在するが、
放射性同位体しかない元素を特に「放射性
元素」と呼ぶ。放射性元素はテクネチウム
（原子番号43）、プロメチウム（同61）とビ
スマス（原子番号83）以上の全ての元素だ。
　放射性同位体には、ウランやラジウムの

ように天然に存在する「天然放射性同位体」
と、粒子加速器や原子炉などで人工的に作
られた「人工放射性同位体」がある。現在、
地球上に存在する天然放射性同位体は水素
からウランまでであるといわれている。
　天然放射性同位体の場合、半減期が地球
の年齢よりも極めて短ければ、すでに自然
界には存在しない。ただし、ネプツニウム
とプルトニウムの場合、半減期は比較的短
いものの、半減期が45億年のウラン238が
崩壊する途中で生成されるため、極微量だ
が存在するとされる。原子番号95（アメリ
シウム）以降の元素では天然放射性同位体
は存在せず、全て人工放射性同位体だ。

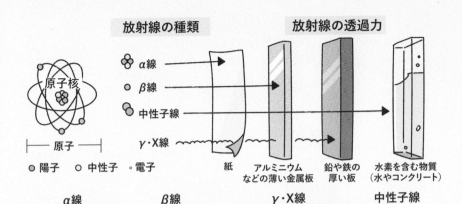

放射線の種類

- α線
- β線
- 中性子線
- γ・X線

原子核

原子

○陽子　○中性子　○電子

放射線の透過力

紙　アルミニウムなどの薄い金属板　鉛や鉄の厚い板　水素を含む物質（水やコンクリート）

α線
原子核から放出された粒子線。陽子2個と中性子2個からなるヘリウムの原子核

β線
原子核から放出された粒子線。電子（あるいは陽電子）

γ・X線
どちらも高エネルギーの電磁波。γ線は原子核から放出され、X線は原子核の外で放出される

中性子線
原子核から放出された粒子線。中性子

元素の崩壊の種類と物質を透過する力の差

　放射性同位体の崩壊は、崩壊時に発生する放射線の種類により区別される。①α崩壊はα線（ヘリウム原子核）を放出して原子番号2・質量4が減少する、②β崩壊はβ線（電子）と反電子ニュートリノ（または、陽電子と電子ニュートリノ）を放出して同質量数で違う原子となる、③γ崩壊はγ線（X線を含む）で余剰なエネルギーを放出して安定し質量数・原子番号は変わらない。これらに加え、④原子核の自重に耐えられずに中性子を放出して、核分裂を起こして崩壊することもある。

　放射線には物質を透過する性質があり、放射線の種類によって透過能力が違う。ヘリウム原子核であるα線は質量が大きく、進む方向に原子核があれば衝突するため、紙1枚程度でもすり抜けることが難しい。β線は、陽子や中性子より小さな粒子・電子の流れなので、α線よりも透過作用が強

くなる。γ線（X線を含む）は電磁波なので、電波と同じような性質があり、コンクリートや鉛などの板でなければ遮断することができない。

　X線の透過力を利用したのが、医療現場のレントゲンやCTスキャンだ。また、物質を壊すことなく内部を調べる非破壊検査や空港の手荷物検査などでも利用されている。反面、放射線には生物の細胞を破壊・変異させる危険もある。しかし、これを逆手に取ってがん細胞に放射線を照射、悪性のがん細胞を破壊して治療する医療にも応用されている。

X線を発見したレントゲン
ドイツの物理学者ヴィルヘルム・レントゲンは、放電管から物質を透過するX線が出ていることを発見。1901年に第1回ノーベル物理学賞を受賞した

キュリー夫妻が見つけた放射性元素

Polonium

ポロニウム

ウランより高い放射線

天然の放射性核種であるポロニウム210の放射線量はウランの約100億倍

第6周期

84

Po

危険な実験に挑んだ偉人

1898年にキュリー夫妻が最初に見つけた元素。大量のα線を放出するため、非常に危険な放射性物質だ

ポロニウムといえば、1898年にキュリー夫妻が最初に見つけた元素として有名だ。当時、1895年にレントゲンが、翌年にはベクレルが放射線を発見していた。この機運を受けて、夫妻は放射線研究を開始し、ウラン鉱石から放出する放射線量がウランよりも多いことに気付き、化学分析を行った。その結果、1911年、ポロニウムとその後のラジウムの発見によりノーベル化学賞を受賞している。

ポロニウムはハードディスクドライブや半導体を製造する過程で静電気を除去する装置や、α線のエネルギーの熱で発電する原子力電池として人工衛星に搭載されている。

自然界に存在する最も半減期が長い同位体はポロニウム210で、約138.38日の半減期をもつ。

発見エピソード

1898年にキュリー夫妻が発見。当時夫妻は祖国ポーランドのロシア支配からの解放運動に関心を寄せていたため、祖国にちなんで元素名を命名。

DATA

族	第16族
分	半金属・酸素族
存	ウラン鉱石など
地	極微量
原	(210)
色/形	銀白色／固体
融/沸	254℃／962℃
密/硬	9320kg/m³／—
同	★208Po、★210Po、★211Po、★213Po、★214Po、★215Po、★216Po、★218Po

電子配置 [Xe]4f¹⁴5d¹⁰6s²6p⁴

名前の由来は「不安定」

Astatine

アスタチン

85 | At

アスタチンは加速器による人工合成により発見され、地殻中の元素で最も少ない。安定同位体が存在せず、放射性同位体も半減期が8時間以下と短い。しかし、ヨウ素に似ている化学的特性をもち、放射性同位体アスタチン211の化合物は生体内で安定し機能するとされ、がん治療の応用研究が進んでいる。

DATA

族	第17族
分	半金属・ハロゲン
存	ウラン238の崩壊
地	極微量
原	(210)
色/形	銀白色／固体
融/沸	302℃／337℃
密/硬	—／—
同	★^{210}At、★^{211}At

電子配置　[Xe]4f^{14}5d^{10}6s^{2}6p^5

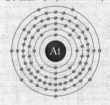

ヨウ素と似ている

アスタチン211は細胞を殺傷できる強さをもち、効果範囲が短いα線を出す

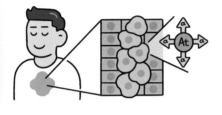

温泉で有名な無色の気体

Radon

ラドン

86 | Rn

全て放射性同位体でラジウムから発生し、天然に存在する放射線による被ばく量では最大の割合となるほど、身近な放射性物質だ。以前は、非破壊検査やがん治療に使われていたが、取り扱いが難しく、現在は使われていない。温泉水や地下水に溶け込んでおり、含有量が多い温泉をラドン温泉やラジウム温泉と呼び、古来より湯治にも利用されてきた。ただし、ラドンの吸収は肺がんのリスクがある。

DATA

族	第18族
分	非金属・貴ガス
存	—
地	微量
原	(222)
色/形	無色／気体
融/沸	-71℃／-61.8℃
密/硬	9.73kg/m³／—
同	★^{220}Rn、★^{222}Rn

電子配置　[Xe]4f^{14}5d^{10}6s^{2}6p^6

適度に利用

国内の代表的なラドン温泉で、1年毎日2時間の利用で0.8ミリシーベルトほど。たまの利用は恐れる必要がない

自然界から発見された最後の元素

Francium

フランシウム

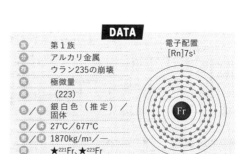

天然に存在する放射性の金属で自然界から発見された最後の元素だ。半減期が非常に短く、最も寿命が長い同位体のフランシウム223でも半減期は21.8分という短さ。不安定な元素なため、存在量も極めて少ない。

DATA

族	第1族
分	アルカリ金属
存	ウラン235の崩壊
地	極微量
原	（223）
色／形	銀白色（推定）／固体
融／沸	27℃／677℃
密／硬	1870kg/m³／—
同	★²²¹Fr、★²²³Fr

電子配置
[Rn]7s¹

Fr

発見者の命を奪った放射性元素

Radium

ラジウム

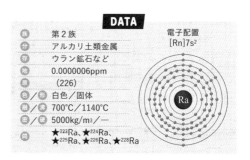

ポロニウムと一緒にキュリー夫妻がウラン鉱石から発見した元素。全て放射性同位体。ラテン語の「radius（放射）」より命名された。キュリー夫人はラジウムの放射線で白血病を患いこの世を去ることになった。

DATA

族	第2族
分	アルカリ土類金属
存	ウラン鉱石など
地	0.0000006ppm
原	（226）
色／形	白色／固体
融／沸	700℃／1140℃
密／硬	5000kg/m³／—
同	★²²³Ra、★²²⁴Ra、★²²⁵Ra、★²²⁶Ra、★²²⁸Ra

電子配置
[Rn]7s²

Ra

強い放射線で青白く光る元素

Actinium

アクチニウム

強い放射線を放出する銀白色の金属で、暗所で青白く光る。放射性同位体は30種以上あり、アクチニウム225に関して、放射線がん治療法の1つであるα線内用療法への応用研究が進められている。

DATA

族	第3族
分	遷移金属・アクチノイド
存	閃ウラン鉱
地	微量
原	（227）
色／形	銀白色／固体
融／沸	1047℃／3197℃
密／硬	10060kg/m³／—
同	★²²⁵Ac、★²²⁷Ac、★²²⁸Ac

電子配置
[Rn]6d¹7s²

Ac

半減期が宇宙の年齢よりも長い元素

Thorium

トリウム

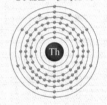

モナズ石、トール石などの鉱物に含まれていて、全て放射性同位体。代表的なトリウム232は半減期が約140億年と極めて長い。二酸化トリウム（ThO_2）は耐火性に優れ、ガス燈のマントルなどに利用された。

トリウム232は中性子を吸収しウラン233が生じるため、トリウムサイクルの原子炉が研究されている。

DATA

族	第3族
分	遷移金属・アクチノイド
存	トール石
地	12ppm
原	232.0377
色／形	銀白色／固体
融／沸	1750℃／4789℃
密／硬	11/20kg/m³／3
同	★²²⁷Th、★²²⁸Th、★²²⁹Th、★²³⁰Th、★²³¹Th、★²³²Th、★²³³Th、★²³⁴Th

電子配置　[Rn]6d²7s²

明治期の街を灯す

昔のガス燈は、トリウム化合物を含んだ繊維を編んだ布状のマントルを炎で加熱し、明るい自然光を発していた

海底沈殿層の年代測定に利用も

Protactinium

プロトアクチニウム

放射性金属元素で、α線を放出して崩壊することでアクチニウムに変化することから、元素名は「アクチニウムの元となる元素」という意味で命名された。

プロトアクチニウム231は半減期が約3万年で、海水中では粒子化して海底に堆積するため、トリウム同位体との比率から堆積年代の推定に用いられる。

DATA

族	第3族
分	遷移金属・アクチノイド
存	ラウン鉱物
地	微量
原	231.035 88
色／形	銀白色／固体
融／沸	1840℃／約4030℃
密／硬	15370kg/m³／―
同	★²³¹Pa、★²³³Pa、★²³⁴ᵐPa、★²³⁴Pa

電子配置　[Rn]5f²6d¹7s²

海底鉱物の年齢を探る

海底沈殿層（マンガン）の年代測定に活用されている

発電に利用される元素

放射性元素の核分裂で生じるエネルギーを利用したのが原子力発電所だ。
さらに未来に向けて、水素を使った核融合発電が注目されている。

原子力発電は
核分裂の熱を利用

原子力発電の原理は火力発電と同様で、水を沸騰させた高温・高圧の蒸気でタービンを回転し、発電機を動かし発電する。水を沸騰させる熱エネルギーは、火力発電ではLNG（45.6％）や石炭（42％）、石油（3.8％）を燃焼させて得るが、原子力発電は原子炉内でのウランの核分裂で得ている。

その燃料は、天然ウランに含まれる天然放射性元素のウラン235が3〜5％と、ウラン238が95〜97％。ウラン235は核分裂しやすいのに対し、ウラン238はほとんど核分裂しないという性質をもち、原子炉では核分裂が一気に起こらないように制御している。

原子炉内で起こる核分裂のしくみを見てみよう。ウラン235に中性子を当てると、原子核が2つに分裂（核分裂）し、多くのエネルギーと中性子を2〜3個放出する。この中性子がほかのウラン235に当たり次々と核分裂の連鎖反応を起こしていく。しかし大量のウラン238が中性子を吸収することで、核分裂のスピードを落とすのだ。ウラン238は中性子を吸収することで、人工放射性元素のプルトニウム239に変化する。また、中性子を吸収する制御棒や、中性子の速度をゆっくりさせる減速材（水）

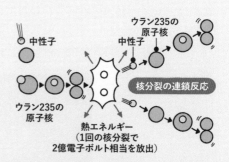

2億電子ボルトは約1000億分の1カロリーとたいしたことはないが、膨大な数の核分裂が起こるため全体で見れば多量のエネルギーとなる

を使うことで、核分裂反応を人工的かつ安定的に発生させ、3〜4年かけ少しずつエネルギーが発生するようにコントロールし、熱エネルギーを作っているのだ。

発電で使い終わった使用済燃料は、ウラン235が1％、ウラン238が93〜95％、プルトニウムが1％、そのほか核分裂でできた生成物が3〜5％となる。これを再処理してプルトニウムを取り出し、ウランと混ぜて作った新たな燃料を「MOX燃料」と呼び、使用済燃料の再利用サイクルを「プルサーマル」という。再利用により資源の有効利用やエネルギーの安定供給が可能となる。

しかし、安全性などに批判がある。理由は、原子炉がMOX燃料に対応していない、発熱量が大きく扱いが厄介、放射性廃棄物が増加する、世界にはプルサーマル推進国は少ない、などが挙げられる。

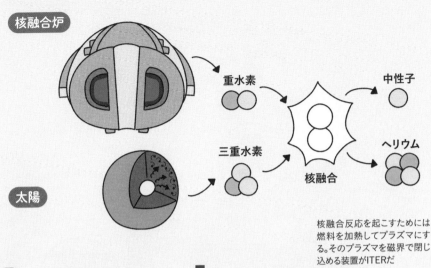

核融合炉

太陽

重水素

三重水素

核融合

中性子

ヘリウム

核融合反応を起こすためには燃料を加熱してプラズマにする。そのプラズマを磁界で閉じ込める装置がITERだ

夢のエネルギーは水素が担う

原子力発電の最大の課題は、発電によって生じる使用済燃料である。これは核分裂の副産物として生まれ高レベルの放射性廃棄物であり、処理には完全な解決法は見つかっていない。それに対し、クリーンで安全で、かつ高効率の次世代の発電として期待されているのが「核融合発電」だ。

核分裂がウランのような重い原子核をもつ放射性元素に中性子をぶつけて、原子核を分裂させることでエネルギーを放出させるのに対し、核融合は水素のようなウランの100分の1以下の軽い元素の原子核を融合させて、ヘリウムなどの重い原子核をもつ元素に変える。この核融合反応が起きると大きなエネルギーが生まれるのだ。そのエネルギーの発生量は、最も反応させやすい「重水素（デューテリウム）」と「三重水素（トリチウム）」の反応では、1gの核融合反応燃料で石油約8tを燃焼させた

のと同程度になる。実は太陽が輝き続けているのも核融合反応によるもので、そのため核融合開発は「地上に太陽を作る研究」といわれている。

核融合発電の最大のメリットは、原料となる水素が地球上に豊富に存在する元素であること。そのため資源の枯渇などの心配がない。また二酸化炭素や窒素を放出しないので、きわめて環境にやさしいとされる。さらに核分裂のように分裂の連鎖反応が止まらなくなって暴走するようなリスクもないので、原子力発電と比較して安全性が高いという点が挙げられる。

一方でデメリットとしては、まだ研究段階にあり実用化に向けて時間とコストがだいぶかかると予想されること。現在、南フランスにおいて、国際プロジェクト「国際熱核融合実験炉（ITER）」の実験炉が2025年の運転開始を目指して建設中である。

最初に発見された放射性元素

Uranium

ウラン

長い道のりを辿り原子炉へ

採掘された鉱石は化学処理や濃縮工程、成形を経て、原子力発電所へ。直径1cmほどに加工されたペレットを重ね、燃料集合体にする

第7周期

92

U

ウランは1789年にドイツのクラプロートが発見し、1896年にフランスのベクレルが放射性元素であることを見出した。さらに1898年にキュリー夫妻がウラン鉱石からポロニウムとラジウムを発見し、放射性元素に関する研究が始まった。

15種の同位体が確認されており、自然界ではウラン234、235、238の3種が発見されている。全て放射性同位体だ。

ウランの主な用途は核燃料。ウランの原子核に中性子を当てると核分裂を起こしエネルギーが発生する。核分裂連鎖反応を持続させることで大きなエネルギーが得られる。この核分裂連鎖反応を一瞬で行うようにしたのが原子爆弾であり、持続的にゆっくりと進むようにして発電しているのが原子力発電所だ。

💡発見エピソード

1789年にクラプロートが閃ウラン鉱から発見し、ウランと名付けたがのちに二酸化ウランであることが判明。1841年にペリゴーが単離に成功した。

DATA

族	第3族
分	遷移金属・アクチノイド
存	閃ウラン鉱、カルノー石、リン灰、ウラン鉱など
地	2.4ppm
原	238.028 91
色/形	銀白色／固体
融/沸	1132.3℃／4172℃
密/価	18950kg/m³／6
同	★^{232}U、★^{233}U、★^{234}U、★^{235m}U、★^{235}U など

電子配置　[Rn]5f³6d¹7s²

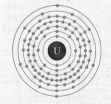

初めて人工的に作られた元素

Neptunium

ネプツニウム

1940年以前は自然界に存在する元素の中で原子番号92のウランが周期表の最後の元素だった。その後、同93のネプツニウムが核反応で作られたため、ウランより原子番号が大きい元素を「超ウラン元素」と呼ぶようになった。

ネプツニウムはアメリカのカリフォルニア大学でウラン238に中性子を当てて作られたが、原子炉内の核分裂の過程で生まれる中間生成物であるため、実用面で主な用途はない。

名前は、ウランの語源の天王星（ウラヌス）の外側の軌道をめぐる海王星（ネプチューン）からとられた。その後、1951年にウラン鉱石の中にごく微量に存在するネプツニウムが発見された。

発見エピソード

1940年にウラン238に中性子を当てることで人工的に作られた。名前もウランの語源の天王星の外側の軌道をめぐる海王星からとられた。

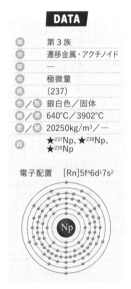

DATA

族	第3族
分	遷移金属・アクチノイド
存	―
地	極微量
原	(237)
色／形	銀白色／固体
融／沸	640℃／3902℃
密	20250kg/m³／―
同	★237Np、★238Np、★239Np

電子配置　[Rn]5f⁴6d¹7s²

第7周期
93
Np

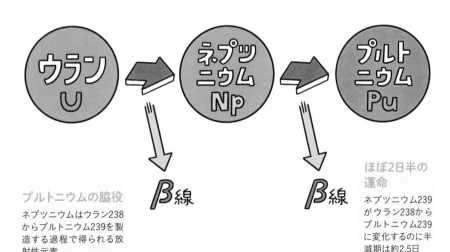

プルトニウムの脇役

ネプツニウムはウラン238からプルトニウム239を製造する過程で得られる放射性元素

ほぼ2日半の運命

ネプツニウム239がウラン238からプルトニウム239に変化するのに半減期は約2.5日

171

核分裂反応が激しい放射性元素

Plutonium

プルトニウム

世界中で保有される プルトニウム

民生用では、核燃料や原子力電池、小型動力源、放射線源に使われるプルトニウム。しかし、核兵器にも使用されるため削減努力が求められている

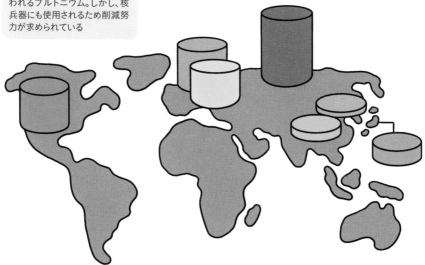

原子力発電の核燃料に利用

　1940年にアメリカのカリフォルニア大学で人工的に作られた放射性元素。放射性同位体ウラン238に重水素の原子核（陽子1個と中性子1個で構成）を照射することで合成された。プルトニウムの同位体は全て放射性元素で20種類が知られている。なかでも重要視されているのがプルトニウ

ム239だ。これは、中性子を照射すると核分裂連鎖反応を起こし、ウランよりも少ない量で急激に反応するためだ。この性質から原子爆弾に利用できることがわかり、長崎に投下された原子爆弾にはプルトニウム239が使われた。また、プルトニウム239は原子炉内で大量に生成される。高速増殖炉などの燃料としての利用が計画されているが、核拡散の可能性が危惧されている。

原子炉で生成されるプルトニウム

　天然のウランのうち、核分裂しやすいウラン235の割合はたった0.7％。そのため、原子力発電所ではウラン235を3〜5％まで高めた濃縮ウランを核燃料に使っている。使用済核燃料にはウランのほか、核分裂により生成されたプルトニウム239が約1％含まれる。

　原子炉は主に「高速増殖炉」と「軽水炉」の2種類に分けられ、日本で主に実用化されているのが軽水炉だ。燃料の核となるウラン235に中性子を当てた際の核分裂に伴い発生するエネルギーを活用している。この工程で生成されるプルトニウム239も核分裂をする。高速増殖炉は、プルトニウムを燃料にして発電しながら、使用した以上の核燃料を生成できる。核分裂しにくいウラン238がプルトニウム239に変換され燃料になる。

使用済核燃料の再利用も

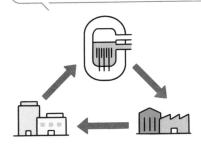

発見エピソード

ネプツニウムと同様、1940年にアメリカのカリフォルニア大学バークレー校で人工的に作られた。名前も海王星の外側に位置する冥王星（プルート）にちなんで命名された。

　使い終えた使用済核燃料には、プルトニウムも含まれ、これを取り出して再利用された燃料を「MOX燃料」と呼び、再度軽水炉で使用する工程を「プルサーマル」という。高速増殖炉やプルサーマルの安全性について議論が続いている。

©NASA/JPL-Caltech

非常に毒性が強い元素

　プルトニウムは単体および化合物ともに有毒だ。体内に入ると、高い放射性の影響により、がんや骨肉腫を発症させるなどの傷害を与える。

　一方、プルトニウム原子力電池は、宇宙や惑星用の探査機の動力として活用される。2021年に星に降り立った探査車パーシヴィアランスの原子力電池には、プルトニウム238が使われている。また、太陽系外探査機ボイジャーも同様だ。

DATA

		電子配置
族	第3族	[Rn]5f⁶7s²
分	遷移金属・アクチノイド	
存	—	
地	極微量	
	(239)	
/	銀白色／固体	
/	639.5℃／3231℃	
/	19840kg/m³／—	
	★²³⁸Pu、★²³⁹Pu、★²⁴⁰Pu、★²⁴¹Pu、★²⁴²Pu	

電子配置 [Rn]5f⁶7s²

新元素の作り方

現在118種類まで発見されている元素は、天然に存在するもの以外は、
人間が人工的に作り出したものだ。新元素はどのように誕生したのだろうか。

原子番号43のテクネチウムのほか、原子番号61のプロメチウムと原子番号85のアスタチンも天然にごく微量に存在するが、人工的な合成により初めて発見された

現在、地球上に 存在しない元素

　自然界には、原子番号1の水素から94のプルトニウムまで、94種類の元素が存在することが知られている。それに対し、人類が作った元素を「人工元素」といい、天然には存在が知られておらず、粒子加速器や原子炉で原子核に中性子や陽子をぶつける（合成する）ことによって人工的に作り出されたものだ。

　また、原子番号92のウランより重い原子93番のネプツニウムからの元素を「超ウラン元素」と呼ぶ。人類が初めて合成した元素であるテクネチウム（原子番号43）

やネプツニウム（同93）、プルトニウム（同94）などは、天然ウランが自然に核分裂することで自然界に微量に存在するが、半減期がかなり短く天然での発見は難しい。

　初めて作られた超ウラン元素は、1940年にアメリカのローレンス・バークレー国立研究所のエドウィン・マクミランらによる原子番号93のネプツニウムである。マクミランの後任であるグレン・シーボーグは、プルトニウムなど5つの超ウラン元素を、その後継のアルバート・ギオルソはさらに8種類を作り出した。その功績により

原子核のビームを光速の10%まで加速

衝突

原子核が励起状態になる

中性子1個を放出

新元素

100兆分の1の確率

亜鉛（原子番号30）　ビスマス（原子番号83）　ニホニウム（原子番号113）

マクミランとシーボーグは、1951年にノーベル化学賞を受賞している。これまでに超ウラン元素を作り出したのはアメリカ以外にはドイツ、ロシア、日本の4カ国だ。

　新たに119番目の元素をめぐって、各国とも動き出しているが、合成の材料には人工元素が必要になり、素材自体が入手困難という現実とも向き合わなければならない。日本が目指す119番、120番の元素を合成する方法では、キュリウムやカリホルニウムなどを標的にし、チタンやバナジウム、クロムをぶつける方法が考えられている。しかし、キュリウムは日本では製造できず他国の研究所に提供してもらわなければならないのだ。

30+83＝113　元素と元素を衝突させ元素が生まれる

　アジアで初めて、日本の理化学研究所が作り出した新しい元素が、2015年12月に認定（命名16年）された原子番号113「ニホニウム」（元素記号Nh、→P184）である。

　原子番号は原子核の中の陽子の数を表しているので、原子番号113番の元素とは113個の陽子をもつ元素である。そのニホニウムを作るためには、原子番号30の亜鉛と同83のビスマスを衝突させ、融合させれば、理論的には30＋83で113個の陽子をもつ元素が誕生することになる。

　しかし原子核の大きさはわずか1兆分の1cmで、衝突して融合する確率も100兆分の1ときわめて小さく当てづらい。そのため大量の原子核をビームし、当て続けるという地道ながら確実な作戦が行われた。大きさが数十mもある巨大な線形加速器を使って、大量の亜鉛の原子核を光速の10％までに加速。そのビームをビスマスに1秒間に2.4兆個も照射した。2003年9月に実験を開始し、24時間体制で照射を続け、翌年の7月にようやく113個の陽子を持つ元素を1個確認した。その後約9年かけ400兆回もの照射が行われ、2012年8月に満足な結果を得ることができたのだ。結局、検出された113番元素（ニホニウム）はわずかに3個で、寿命はたったの約1000分の2秒しかなかった。

日本人と新元素

　「ニホニウム」の発見から遡ること約100年前、実は日本人により新元素が発見されていた。1908年、科学者の小川正孝は43番元素を精製・分離したと主張し「ニッポニウム」として発表。しかし、誰も同じ結果を再現できなかった。後年ドイツ人により43番元素が作り出され「テクネチウム」と名付けられた。小川が発見した元素は、のちに現代科学で再検討され、75番の「レニウム」と判明。周期表を原子番号で整理する法則は、1914年にX線を使う方法で発見された。しかし、当時の日本では容易に使える装置がなかった。レニウムは1925年にドイツ人により正しい位置が発見され、新元素として認められることとなった。小川によるニッポニウムの発見は幻となってしまったのだ。

強力なα線を放出する放射性元素

Americium

アメリシウム

　1944年に現アルゴンヌ国立研究所でプルトニウム239に中性子を当てることで作られた。アメリシウム241は強力なα線を出すため、アメリカではα線を利用したイオン化式の煙感知器に使われている。

DATA		電子配置 [Rn]5f⁷7s²
族	第3族	
分	遷移金属・アクチノイド	
存	―	
地	―	
原	(243)	
色／形	銀白色／固体	
融／沸	1172℃／2607℃	
密／硬	13670kg/m³／―	
同	★²⁴¹Am、★²⁴²Am、★²⁴³Am	

電子配置 $[Rn]5f^77s^2$

月や火星で活躍の放射線元素

Curium

キュリウム

　放射能の研究で多大な功績を残したキュリー夫妻にちなんで命名された放射性元素。同位体はNASAの火星探査機マーズ・パスファインダーの探査車に搭載され、土壌や岩石の化学分析を行う元素分析装置のα線源に利用された。

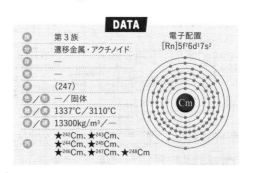

DATA		電子配置 [Rn]5f⁷6d¹7s²
族	第3族	
分	遷移金属・アクチノイド	
存	―	
地	―	
原	(247)	
色／形	―／固体	
融／沸	1337℃／3110℃	
密／硬	13300kg/m³／―	
同	★²⁴²Cm、★²⁴³Cm、 ★²⁴⁴Cm、★²⁴⁵Cm、 ★²⁴⁶Cm、★²⁴⁷Cm、★²⁴⁸Cm	

電子配置 $[Rn]5f^76d^17s^2$

放射性が非常に高い危険な元素

Berkelium

バークリウム

　1949年にカリフォルニア大学バークレー校で、アメリシウム241にα粒子を照射することで合成した。放射性が非常に高く危険なため、研究での用途がほとんどだ。元素名はバークレーにちなんでいる。

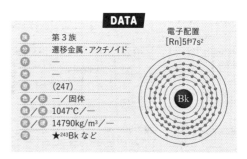

DATA		電子配置 [Rn]5f⁹7s²
族	第3族	
分	遷移金属・アクチノイド	
存	―	
地	―	
原	(247)	
色／形	―／固体	
融／沸	1047℃／―	
密／硬	14790kg/m³／―	
同	★²⁴³Bk など	

電子配置 $[Rn]5f^97s^2$

非破壊検査や地下資源探査に利用

Californium

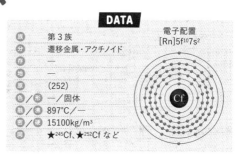

カリホルニウム

　1950年にカリフォルニア大学バークレー校でキュリウムにα粒子を加速させて照射して合成した放射性元素。自発的な核分裂で強い中性子を発生するため、非破壊検査や地下資源探査に利用される。

DATA

族	第3族
分	遷移金属・アクチノイド
存	—
地	—
原	(252)
色／形	—／固体
晶／沸	897℃／—
密／硬	15100kg/m³
同	★245Cf、★252Cf など

電子配置
[Rn]5f10 7s²

水爆実験の灰の中から発見

Einsteinium

アインスタイニウム

　1952年に世界初の水爆実験の灰の中から発見され、当初は軍事機密とされたが1955年（54年ともいわれる）に公表された。元素名は核廃絶を訴えた物理学者アインシュタインにちなんで命名された。同位体254の半減期は270日ほどと比較的長命。

DATA

族	第3族
分	遷移金属・アクチノイド
存	—
地	—
原	(252)
色／形	—／固体
晶／沸	860℃／—
密／硬	
同	★252Es、★253Es、★254Es、★255Es など

電子配置
[Rn]5f11 7s²

物理学者フェルミにちなみ命名

Fermium

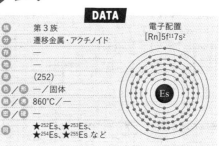

フェルミウム

　1952年にアインスタイニウムと同じ世界初の水爆実験の灰の中から発見された放射性元素。1954年にはウランに酸素イオンを衝突させることで生成に成功。　世界初の原子炉を完成させた原子核物理学者フェルミにちなみ命名。

DATA

族	第3族
分	遷移金属・アクチノイド
存	—
地	—
原	(257)
色／形	
晶／沸	
密／硬	
同	★253Fm、★255Fm、★256Fm、★257Fm、★258Fm など

電子配置
[Rn]5f12 7s²

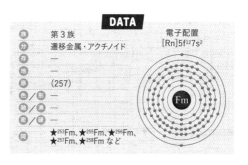

周期表の創始者から命名した元素

Mendelevium

メンデレビウム

　1955年、カリフォルニア大学バークレー校のチームが加速器（サイクロトロン）によりアインスタイニウムに α 粒子を照射することで合成。元素名は、周期表の父・メンデレーエフを記念して命名された。

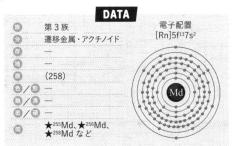

族	第3族	
分	遷移金属・アクチノイド	
存	—	
地	—	
原	(258)	
色／形	—	
融／沸	—	
密／硬	—	
同	★²⁵⁵Md、★²⁵⁶Md、★²⁵⁸Md など	

DATA

電子配置
[Rn]5f¹³7s²

3つの国が発見競争をした元素

Nobelium

ノーベリウム

　1950〜60年代にアメリカ、旧ソ連、スウェーデンのチームがそれぞれ発見を主張した元素。加速器でキュリウムに炭素イオンを照射して合成され、化学者ノーベルにちなんで命名。1997年に旧ソ連が発見国として認められた。

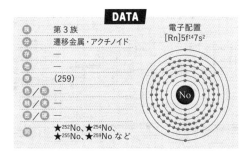

族	第3族	
分	遷移金属・アクチノイド	
存	—	
地	—	
原	(259)	
色／形	—	
融／沸	—	
密／硬	—	
同	★²⁵²No、★²⁵⁴No、★²⁵⁵No、★²⁵⁹No など	

DATA

電子配置
[Rn]5f¹⁴7s²

加速器を開発した物理学者にちなむ

Lawrencium

ローレンシウム

　カリフォルニア大学バークレー校と旧ソ連のドブナ研究所が発見。加速器でカリホルニウムにホウ素イオンビームを照射し合成。加速器の発明や人工放射性元素の研究でノーベル物理学賞を受賞したローレンスにちなんで命名。

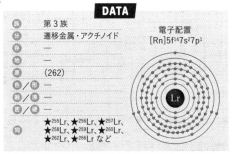

族	第3族	
分	遷移金属・アクチノイド	
存	—	
地	—	
原	(262)	
色／形	—	
融／沸	—	
密／硬	—	
同	★²⁵⁵Lr、★²⁵⁶Lr、★²⁵⁷Lr、★²⁵⁸Lr、★²⁵⁹Lr、★²⁶⁰Lr、★²⁶²Lr、★²⁶⁶Lr など	

DATA

電子配置
[Rn]5f¹⁴7s²7p¹

発見から30年後に命名された元素

Rutherfordium

ラザホージウム

1969年に加速器でカリホルニウムに炭素を衝突させて合成。アメリカと旧ソ連のどちらが発見者かをめぐり対立が起こった。30年の時を経て両者の発見が認められ、原子核の謎を解明した物理学者ラザフォードにちなんで命名。

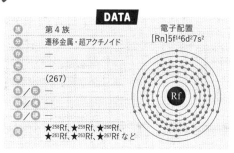

	DATA	
族	第4族	電子配置
分	遷移金属・超アクチノイド	[Rn]$5f^{14}6d^27s^2$
存	—	
地	—	
原	(267)	
色／形	—	
融／沸	—	
密／譲	—	
同	★^{258}Rf、★^{259}Rf、★^{260}Rf、★^{261}Rf、★^{263}Rf、★^{267}Rf など	

旧ソ連の研究所の所在地より命名

Dubnium

ドブニウム

アメリカと旧ソ連が、アメリシウムにネオンを衝突させ合成したと主張した。結局、旧ソ連に軍配が上がり、研究所のある都市ドブナにちなみ、1997年に命名されることとなった。

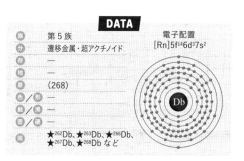

	DATA	
族	第5族	電子配置
分	遷移金属・超アクチノイド	[Rn]$5f^{14}6d^37s^2$
存	—	
地	—	
原	(268)	
色／形	—	
融／沸	—	
密／譲	—	
同	★^{262}Db、★^{263}Db、★^{266}Db、★^{267}Db、★^{268}Db など	

9つの元素合成の化学者より命名

Seaborgium

シーボーギウム

1974年にアメリカと旧ソ連のチームが同時期に加速器でカリホルニウムに酸素を照射して合成した。元素名は、プルトニウムなど9つの元素を合成したアメリカの化学者シーボーグにちなんで、存命中に命名されている。

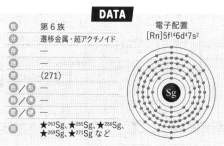

	DATA	
族	第6族	電子配置
分	遷移金属・超アクチノイド	[Rn]$5f^{14}6d^47s^2$
存	—	
地	—	
原	(271)	
色／形	—	
融／沸	—	
密／譲	—	
同	★^{263}Sg、★^{265}Sg、★^{266}Sg、★^{269}Sg、★^{271}Sg など	

元素の未来と偉人たち

世界中の多くの科学者たちが、元素をめぐって研究を行ってきた。そして今、世界は119番目の元素の発見を目指して熾烈な競争を繰り広げている。

119番目の元素の発見のカギ？ 安定の島とは

新しい元素とは、陽子が119個以上の重い原子核を持つ元素「超重元素」であり、放射線を放出し崩壊する不安定な元素だ。また、正の電荷をもつ陽子は反発するため、どこまで原子番号の大きい元素が存在できるかも不明確であった。しかし、研究により、原子核が安定する領域「安定の島」があると予測されたのだ。

原子核は陽子と中性子からできている。この陽子と中性子の数が、ある一定数を満たすと特に安定しそれを「魔法数」と呼ぶ。安定しているため自然界で存在比が高く、2（ヘリウム）、8（酸素）、20（カルシウム）、28（ニッケル）、50（スズ）、82（鉛）、が魔法数の元素にあたる。

つまり、新しい元素を発見するためには、原子核が安定する魔法数が生じる領域「安定の島」を探すことが重要となる。現在、理論上では、中性子数が184、陽子数が114または120で魔法数が出現する「安定の島」があると推測されている。

この「安定の島」に属する原子核の構造を調べることで、元素はどこまで存在できるかという周期表の未来の姿を描くことができるのだ。

今生成されている超重原子核は、極めて不安定なものだ。その先にある安定した領域を見つけることが新元素発見への糸口となる

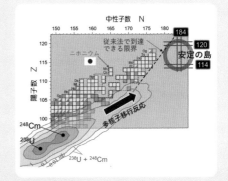

重い原子核同士をぶつけると陽子や中性子を交換する「多核子移行反応」が起こり、中性子の多い超重原子核ができる

資料提供：国立研究開発法人日本原子力研究開発機構／近畿大学

元素史に貢献した偉人たち

マリー・キュリー

profile
出身：ポーランド
生没：1867〜1934

「放射能」の名付け親

マリーは夫のピエールとともに、ラジウムの発見により1903年にノーベル物理学賞を受賞。さらに1911年にはポロニウムの発見とラジウムの研究で、マリーがノーベル化学賞を受賞した。のちに娘夫婦もノーベル化学賞を受賞するなど、一家で化学、物理学界に多大な貢献をしている。その功績をたたえて、原子番号96の元素は「キュリウム」と名付けられた。

アーネスト・ラザフォード

profile
出身：ニュージーランド
生没：1871〜1937

原子物理学の父

α線、β線、原子核の発見、放射性同位体の半減期の提起など、ラザフォードの業績は枚挙にいとまがない。中心核の周りを電子が回っているという原子の模型も、彼の発表から始まったものである。その多大な貢献に対し、1908年にノーベル化学賞が贈られ、現在でもラザフォードは「原子物理学の父」と呼ばれている。また多くの有能な弟子を育てたことでも有名だ。

ニールス・ボーア

profile
出身：デンマーク
生没：1885〜1962

量子力学の育ての親

ラザフォードの弟子であるボーアは、師が提唱したラザフォード原子模型をさらに改良・発展させ、電子の軌道や性質を提案し「ボーア型原子模型」を作成。1922年にノーベル物理学賞を受賞した。このようなミクロの世界の運動を研究し、指導的役割を果たしたことから「量子力学の育ての親」といわれる。

グレン・シーボーグ

profile
出身：アメリカ
生没：1912〜1999

加速器で新元素を発見

プルトニウムをはじめ、数多くの新元素を発見、その元素は「アクチノイド系列」と呼ばれる。自身の名前も、原子番号106番の元素「シーボーギウム」に使われているが、生前に命名された初めての例である。「安定の島」の存在も彼の提唱によるもの。こうした実績に対して、1951年にエドウィン・マクミランとともにノーベル化学賞を授けられた。

湯川秀樹

profile
出身：東京
生没：1907〜1981

原子核の結合力の謎に迫り日本人初の快挙

1949年、物理学者の湯川秀樹が日本人で初めてノーベル物理学賞を受賞した。受賞理由は、原子核を結合する力を説明する「中間子論」だ。当時、原子核の陽子はお互い反発し合う力があるのに、原子核がより強く結合（核力、強い相互作用）している理由が謎だった。湯川は、陽子と中性子の間に未知の粒子・中間子があり、それが核力を発生させているとの理論を、1939年に提唱したのだ。その後、1947年に発見されたパイ中間子がその正体だと判明した。

元素名は物理学者に由来

Bohrium

ボーリウム

アメリカと旧ソ連の元素発見競争にドイツが参戦。1981年に旧西ドイツの重イオン研究所のチームが加速器で鉛とクロムイオンの原子核反応により合成。元素名は量子力学を確立した物理学者ボーアにちなんで命名された。

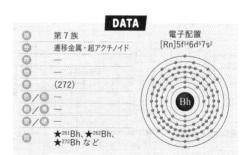

DATA

族	第7族
分	遷移金属・超アクチノイド
存	—
地	—
原	(272)
色／形	—
融／沸	—
密／硬	—
同	★²⁶¹Bh、★²⁶²Bh、★²⁷²Bh など

電子配置
[Rn]5f¹⁴6d⁵7s²

ドイツの研究所の地名により命名

Hassium

ハッシウム

1984年に旧西ドイツの重イオン研究所が加速器で鉛に鉄イオンを衝突させることで合成。研究所の所在地ヘッセン州のラテン語名のハッシアにちなんで命名された。ここでは原子核物理から生物物理などの研究を行っている。

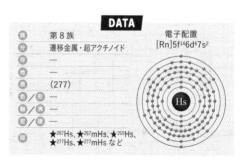

DATA

族	第8族
分	遷移金属・超アクチノイド
存	—
地	—
原	(277)
色／形	—
融／沸	—
密／硬	—
同	★²⁶⁷Hs、★²⁶⁷mHs、★²⁶⁹Hs、★²⁷⁷Hs、★²⁷⁷mHs など

電子配置
[Rn]5f¹⁴6d⁶7s²

単独の女性の名が付いた唯一の元素

Meitnerium

マイトネリウム

1982年に旧西ドイツの重イオン研究所で加速器によりビスマスに鉄イオンを照射して合成した。元素名はプロトアクチニウムの発見者の一人でもあり、核分裂反応の理論的な解析に成功した女性物理学者マイトナーにちなむ。

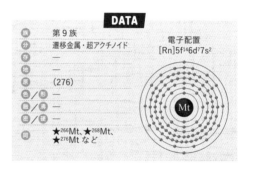

DATA

族	第9族
分	遷移金属・超アクチノイド
存	—
地	—
原	(276)
色／形	—
融／沸	—
密／硬	—
同	★²⁶⁶Mt、★²⁶⁸Mt、★²⁷⁶Mt など

電子配置
[Rn]5f¹⁴6d⁷7s²

ハッシウムを合成した研究所が発見

Darmstadium

ダームスタチウム

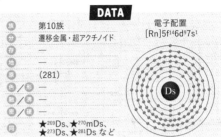

110 / Ds

　各チームが発見を競いドイツに軍配が上がった元素。加速器で鉛にニッケルイオンを照射して合成。ドイツの重イオン研究所があるダルムシュタットにより命名され、2003年に認定された。

DATA

族	第10族
分	遷移金属・超アクチノイド
存	―
地	―
原	(281)
色／形	―
融／沸	―
密／硬	―
同	★^{269}Ds、★^{270m}Ds、★^{273}Ds、★^{281}Ds など

電子配置
[Rn]5f^{14}6d^{9}7s^1

物理学者レントゲンにちなんで命名

Roentgenium

レントゲニウム

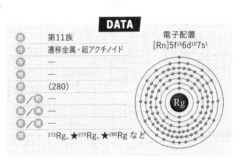

111 / Rg

　1994年にドイツの重イオン研究所で国際研究チームが加速器によりビスマスにニッケルイオンを照射して合成された。元素名は2004年に、X線を発見したドイツの物理学者レントゲンにちなんで命名されている。

DATA

族	第11族
分	遷移金属・超アクチノイド
存	―
地	―
原	(280)
色／形	―
融／沸	―
密／硬	―
同	^{272}Rg、★^{279}Rg、★^{280}Rg など

電子配置
[Rn]5f^{14}6d^{10}7s^1

地動説を唱えた天文学者にちなむ

Copernicium

コペルニシウム

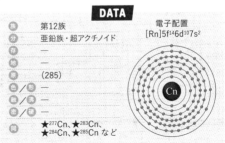

112 / Cn

　1996年にドイツの重イオン研究所で国際研究チームが加速器により鉛に亜鉛イオンを照射して合成。2010年に地動説を唱えたポーランドの天文学者コペルニクスにちなみ命名され、彼の誕生日2月19日に発表された。

DATA

族	第12族
分	亜鉛族・超アクチノイド
存	―
地	―
原	(285)
色／形	―
融／沸	―
密／硬	―
同	★^{277}Cn、★^{283}Cn、★^{284}Cn、★^{285}Cn など

電子配置
[Rn]5f^{14}6d^{10}7s^2

日本が発見したアジア初の新元素

Nihonium

ニホニウム

2004年、日本の理化学研究所の森田浩介博士らの研究チームが加速器で亜鉛をビスマスに照射して合成した。計画から約15年後の2016年11月末に元素名、元素記号が正式に決定した。

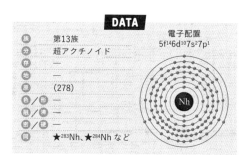

DATA

		電子配置
族	第13族	$5f^{14}6d^{10}7s^27p^1$
分	超アクチノイド	
存地	—	
原	(278)	
色/形	—	
融/沸	—	
密/硬	—	
同	★^{283}Nh、★^{284}Nh など	

ロシアの物理学者名にちなむ元素

Flerovium

フレロビウム

2004年、ロシアの合同原子核研究所とアメリカのローレンス・リバモア国立研究所が共同で加速器によりプルトニウムにカルシウムイオンを照射し合成された。合同原子核研究所の設立者フレロフにちなむ。

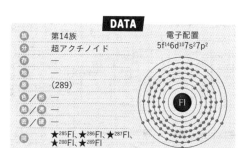

DATA

		電子配置
族	第14族	$5f^{14}6d^{10}7s^27p^2$
分	超アクチノイド	
存地	—	
原	(289)	
色/形	—	
融/沸	—	
密/硬	—	
同	★^{285}Fl、★^{286}Fl、★^{287}Fl、★^{288}Fl、★^{289}Fl	

研究所のあるモスクワより命名

Moscovium

モスコビウム

2004年、ロシアの合同原子核研究所とアメリカのローレンス・リバモア国立研究所が共同で加速器によりアメリシウムにカルシウムイオンを照射して合成。合同原子核研究所のあるモスクワより命名された。

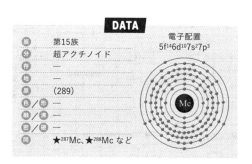

DATA

		電子配置
族	第15族	$5f^{14}6d^{10}7s^27p^3$
分	超アクチノイド	
存地	—	
原	(289)	
色/形	—	
融/沸	—	
密/硬	—	
同	★^{287}Mc、★^{288}Mc など	

アメリカの研究所名にちなみ命名

Livermorium

リバモリウム

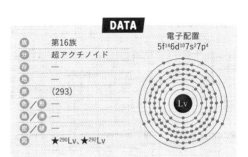

116 | Lv

2000年、ロシアの合同原子核研究所とアメリカのローレンス・リバモア国立研究所が共同で加速器によりキュリウムにカルシウムイオンを照射して合成された。アメリカの研究所名のリバモアにちなみ命名された。

DATA

族	第16族	電子配置
分	超アクチノイド	$5f^{14}6d^{10}7s^27p^4$
存	—	
地	—	
原	(293)	
色／形	—	
融／沸	—	
密／様	—	
同	★^{290}Lv、★^{292}Lv	

国立研究所のあるテネシー州に由来

Tennessine

テネシン

117 | Ts

2010年、ロシアの合同原子核研究所とアメリカのローレンス・リバモア国立研究所が共同で加速器によりバークリウムにカルシウムイオンを照射して合成した。アメリカのテネシー州にちなんで命名されている。

DATA

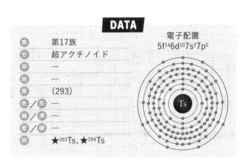

族	第17族	電子配置
分	超アクチノイド	$5f^{14}6d^{10}7s^27p^5$
存	—	
地	—	
原	(293)	
色／形	—	
融／沸	—	
密／様	—	
同	★^{293}Ts、★^{294}Ts	

物理学者オガネシアンより命名

Oganesson

オガネソン

118 | Og

2002年、ロシアの合同原子核研究所とアメリカのローレンス・リバモア国立研究所が共同で加速器によりカリホルニウムにカルシウムイオンを照射して合成した。現在発見されているなかで最も重い元素だ。

DATA

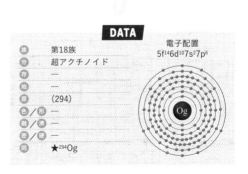

族	第18族	電子配置
分	超アクチノイド	$5f^{14}6d^{10}7s^27p^6$
存	—	
地	—	
原	(294)	
色／形	—	
融／沸	—	
密／様	—	
同	★^{294}Og	

元素の仮の名

新発見された元素には、正式に命名されるまで仮の名前が付けられる。
その奇妙な名前の由来を見てみよう。

0 nil ニル	3 tri トリ	6 hex ヘキス
1 un ウン	4 quad クアド	7 sept セプト
2 bi ビ	5 pent ペント	8 oct オクト
		9 enn または en エン

ニホニウム 113
ウン ウン トリ ウム
1 1 3 語尾

まるで呪文のような呼び名

新しく元素を作成・発見した場合、国際純正・応用化学連合（IUPAC）と国際純粋・応用物理学連合が合同作業部会のメンバーを推薦し、発表された論文を審議する。その結果をもとに認定された場合、研究グループに新元素の命名権が与えられることになっている。その場合の名前の選び方には、①神話上の人物や構想、②鉱物または類似物質、③場所または地理的領域、④元素の性質、⑤科学者の5つから選び、最後に「-ium（ウム）」と付けることがルールとなっている。

例えば、「バナジウム」は愛の女神の名前から来ており、「窒素」は硝石から、「フッ素」は蛍石が名前の由来である。「オスミウム」はギリシャ語のにおいが語源だ。「キュリウ

ム」「アインスタイニウム」は人名からだというのは一目瞭然だろう。「マグネシウム」などは地名から、「ニホニウム」もその仲間である。原子番号が後半のものほど、人名や地名から元素の名前をとったものが多くなっている。

こうして正式に認証されるまでの未公認元素には、「系統名」という仮の名称が付けられる。その系統名は原子番号をラテン語とギリシャ語の数字で表し、最後に「-ium」を付けたものになる。例えば、ニホニウムは原子番号が113なので、仮名称は「ウンウントリウム」になるのだ。

この系統名の命名ルールは1978年に決められたもので、1960年代に旧ソ連とアメリカが発見したと主張した104番目の元素「ラザホージウム」の命名をめぐって起きた争いが背景にある。

さくいん

189

●主な参考資料

『新しい高校化学の教科書』左巻健男　編著（講談社）

『新しい高校物理の教科書』山本明利、左巻健男　編著（講談社）

『図解　身近にあふれる「元素」が3時間でわかる本』左巻健男、元素学たん　編著（明日香出版社）

『怖くて眠れなくなる元素』左巻健男 著（PHP研究所）

『元素のすべてがわかる図鑑』若林文高 監修（ナツメ社）

『探究する 新しい科学2』（東京書籍）

『改訂 新編化学』（東京書籍）

『生命と健康のメカニズムがわかる　生理学の基本としくみ』田中越郎 監修、部谷祐紀著（ナツメ社）

『「原子量表（2023）」について』（日本化学会 原子量専門委員会）

『海洋エネルギー・鉱物資源開発計画』（経済産業省）

『鉱物資源政策』（経済産業省 資源エネルギー庁）

『日本人の食事摂取基準（2020 年版)』（厚生労働省）

など

●画像提供一覧

地質調査総合センター

京都大学　名誉教授　前野悦輝

国立研究開発法人日本原子力研究開発機構／近畿大学

Shutterstock.com

●監修者　**左巻健男**（さまき・たけお）

東京大学非常勤講師。1949年栃木県生まれ。千葉大学教育学部理科専攻（物理化学）卒。東京学芸大学大学院教育学研究科修士課程理科教育専攻物理化学講座修了。東京大学教育学部附属中学校・高等学校教諭、京都工芸繊維大学教授、同志社女子大学教授、法政大学教授などを経て現東京大学非常勤講師。理科教育研究者として、化学や元素の書籍を多く手がける。主な著作に、『面白くて眠れなくなる元素』『怖くて眠れなくなる元素』（以上、PHP研究所）『絶対に面白い化学入門 世界史は化学でできている』（ダイヤモンド社）などがある。

●スタッフ　編集協力／富樫政友（株式会社アーク・コミュニケーションズ）、古里学、山田久美、矢部俊彦
　　　　　　本文デザイン／佐藤琴美（有限会社エルグ）
　　　　　　イラスト／FUJIKO、片岡圭子
　　　　　　校正／有限会社槍楯社
　　　　　　編集担当／柳沢裕子（ナツメ出版企画株式会社）

本書に関するお問い合わせは、書名・発行日・該当ページを明記の上、下記のいずれかの方法にてお送りください。電話でのお問い合わせはお受けしておりません。
• ナツメ社Webサイトの問い合わせフォーム　https://www.natsume.co.jp/contact
• FAX（03-3291-1305）
• 郵送（下記、ナツメ出版企画株式会社宛て）
なお、回答までに日にちをいただく場合があります。正誤のお問い合わせ以外の書籍内容に関する解説・個別の相談は行っておりません。あらかじめご了承ください。

ナツメ社Webサイト
https://www.natsume.co.jp
書籍の最新情報（正誤情報を含む）はナツメ社Webサイトをご覧ください。

知れば世の中が見えてくる!
元素の教科書

2023年10月 6 日　初版発行

監修者　左巻健男　　　　　　　　　　　　　　　　　　　Samaki Takeo, 2023
発行者　田村正隆

発行所　株式会社ナツメ社
　　　　東京都千代田区神田神保町1-52　ナツメ社ビル1F（〒101-0051）
　　　　電話　03（3291）1257（代表）　FAX　03（3291）5761
　　　　振替　00130-1-58661
制作　　ナツメ出版企画株式会社
　　　　東京都千代田区神田神保町1-52　ナツメ社ビル3F（〒101-0051）
　　　　電話　03（3295）3921（代表）
印刷所　株式会社リーブルテック

ISBN978-4-8163-7433-3　　　　　　　　　　　　　　　　　Printed in Japan

地殻濃度

地殻に存在する元素の量をデータ
で見比べてみよう。

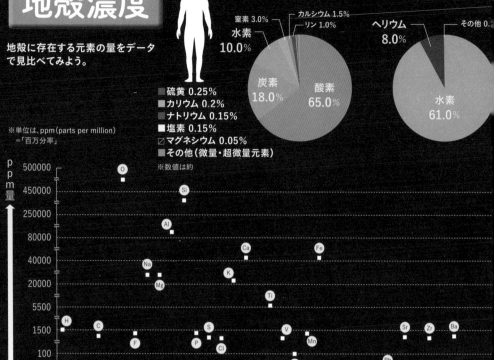

人体の元素割合

窒素 3.0%
カルシウム 1.5%
リン 1.0%
水素 10.0%
炭素 18.0%
酸素 65.0%

宇宙の元素割合

ヘリウム 8.0%
その他 0.
水素 61.0%

※単位は、ppm（parts per million）
＝「百万分率」

■ 硫黄 0.25%
■ カリウム 0.2%
■ ナトリウム 0.15%
■ 塩素 0.15%
☐ マグネシウム 0.05%
■ その他（微量・超微量元素）

※数値は約

ppm量

500000 — O
450000 — Si
250000 — Al
80000 —
40000 — Ca Fe
20000 — Na K Mg
5500 — Ti
1500 — H C S V Sr Zr Ba
100 — F P Cl Mn Cr Rb
Ni Zn Ce
50 — Cu
Li B N Y La
Sc Co Ga Nb Th
0 —

元素番号
1 3 5 6 7 9 11 12 13 14 15 16 17 19 20 21 22 23 24 25 26 27 28 29 30 31 37 38 39 40 41 56 57 58 90

　地殻濃度で1番多い酸素（O、474000ppm）、
2番目のケイ素（Si、277100ppm）は軽いため、
地殻やマントルに豊富に含まれる。また、マグ
ネシウム（Mg、23000ppm）もケイ素と結合
しマントルに多く存在している。鉄（Fe、41000
ppm）は重い元素のため地球の中心核のコア
に多く存在するが、地表にも存在する。その理
由は、酸素、ケイ素、硫黄など結合し軽い化合
物として地表に浮いてきたためだ。